Dreamweaver 网页设计与制作

主　编　宋协栋　李桂青
副主编　郑美珠　栾志军　肖　川　宗传霞

北京理工大学出版社
BEIJING INSTITUTE OF TECHNOLOGY PRESS

图书在版编目（CIP）数据

Dreamweaver 网页设计与制作/宋协栋，李桂青主编 . —北京：北京理工大学出版社，2017.7

ISBN 978 - 7 - 5682 - 4247 - 9

Ⅰ. ①D…　Ⅱ. ①宋… ②李…　Ⅲ. ①网页制作工具　Ⅳ. ①TP393.092

中国版本图书馆 CIP 数据核字（2017）第 155106 号

出版发行／北京理工大学出版社有限责任公司

社　　　址／北京市海淀区中关村南大街 5 号

邮　　　编／100081

电　　　话／（010）68914775（总编室）

　　　　　　（010）82562903（教材售后服务热线）

　　　　　　（010）68948351（其他图书服务热线）

网　　　址／http：//www. bitpress. com. cn

经　　　销／全国各地新华书店

印　　　刷／三河市天利华印刷装订有限公司

开　　　本／787 毫米×1092 毫米　1/16

印　　　张／16

字　　　数／372 千字

版　　　次／2017 年 7 月第 1 版　2017 年 7 月第 1 次印刷

定　　　价／56.00 元

责任编辑／钟　博

文案编辑／钟　博

责任校对／周瑞红

责任印制／李志强

前言

    网络，是这个时代最神奇的创造。有人认为这是一个虚拟的世界，有人认为这是一个丰富到无所不包的世界，更有人认为互联网并没有隔离生活，反而是融入生活，改变生活，其已成为人们生活中不可或缺的一个重要部分。应用网络，不仅成为很多人的生活习惯，更是人们生活、工作和学习的重要工具。

    人们兴奋、大胆地去触摸网络，还有很多人尝试去创作一个属于自己的独特网站作品。于是，了解网页的运行机制、学会网页的制作方法，成为很多人都感兴趣的学习内容。各大高校和培训机构也都纷纷开设了网页设计与制作的相关课程。

    近些年来，随着计算机软、硬件的不断更新换代，网络语言的标准不断升级更新，这使得人们需要学习的内容不断增加。同时，我国高等教育课程改革的不断深入，也对教学方法、教学思维提出了新的要求。

    因此，我们在仔细总结网页制作的语言、工具和应用技巧的前提下，认真调查了学生们的具体学习需求，并分析、学习各高校的教材编写经验，结合具体的工作实践过程编写了本书，希望通过本书，能有效地帮助各高校更好地培育计算机方面的优秀技能型人才，促进学、用结合。

    本书从网页设计与制作的实际需要出发，全面、系统地介绍网页设计与制作的基础知识、网页编辑软件 Dreamweaver 等内容，还提供了一个完整的网站规划、网页设计与制作的实例。全书共分为 15 章。第 1 章介绍了网站设计涉及的基本概念、网站开发的技术及工具，使学习者具备一定的网页设计知识。第 2 章介绍了网页设计的色彩与审美，以帮助读者制作出绚丽的网页。第 3 章介绍了网站制作的具体工作与步骤。第 4 ~ 14 章介绍了利用时下最流行的 Dreamweaver 软件制作网站的各种方法和操作技巧，并穿插介绍使用 HTML 语言标签实现类似功能的操作方法，使学习者能够同时掌握两种网页制作方法，并能根据网页开发的需要合理使用这些语言。第 15 章介绍了网站制作完成后，如何进行上传发布。通过以上章节，本书详细介绍了网站规划、各页面的设计和页面制作的具体过程，其目的是帮助读者综合运用所学知识设计并制作出精美的网页。

    本书由烟台南山学院的宋协栋和烟台南山学院的李桂青两位老师主编，烟台南山学院的郑美珠、烟台南山学院的栾志军、烟台南山学院的肖川和山东特殊教育职业学院的宗传霞担任副主编。本书适合作为高等院校计算机、电子商务、多媒体等专业的教材，也可作为信息技术培训机构的培训用书，还可作为网页设计与制作人员、网站建设与开发人员、多媒体设计与开发人员的参考书。

宋协栋

2016 年 12 月 1 日

第1章　网络基础知识

1.1　网络概述

1.1.1　计算机网络的定义

网络，指由多个节点和连接线路组成，表示诸多对象及其相互联系，或具备某种功能关系的结构体。

计算机网络，是指将地理位置不同的、具有独立功能的多台计算机及其外部设备，通过通信线路连接起来，在网络操作系统、网络管理软件及网络通信协议的管理和协调下，实现资源共享和信息传递的计算机系统。

1.1.2　计算机网络的发展历程

1. 传统电信网时期

自计算机诞生以来，数据交换和数据传递就成为一个重要的功能需求，为此，人们借助电信模拟信号传输功能和电话线路连接出了一种早期的、简单的、面向设备终端的网络，组建出各类终端间的联机系统。这时期的网络，只能传递一些简单的信号。

2. 分组交换组网时期

早在20世纪60年代，美国和苏联处于冷战状态，由美国国防部下属的远景研究规划局（ARPA）提出了一个需求：研制出一种全新的网络来应对可能来自苏联的核攻击威胁。因为传统的电信网是基于电路交换组建的，战争期间一旦有某个交换机或链路被摧毁，则整个通信电路都将被迫中断，所以，基于安全考虑，新型网络必须满足以下基本技术要求：

（1）该网络不是为了电话通信，而是用于实现不同计算机之间的数据传递功能。

（2）该网络必须具备一定的兼容性，可以正常连接不同类型的计算机。

（3）该网络上的所有节点都同等重要，一个节点被损毁时其他节点仍然能够正常工作。

（4）该网络上的计算机进行通信时，必须有迂回路由。当链路或节点被破坏时，迂回路由能使正在进行的通信自动找到合适的路由。

（5）该网络的结构要尽可能简单，但又能非常可靠地传送数据。

根据这些技术要求，专家设计出了一种使用分组交换的新型计算机网络。所谓分组交换，是指采用存储转发技术实现信息传递。系统把待发送的数据划分成若干个"分组"，在网络中陆续传送。分组交换的特征是基于标记，各类控制信息存放在分组首部。分组交换网络由若干个节点交换机和连接这些交换机的链路组成，其使通信线路资源利用率大大提高，系统甚至可以在数据通信的过程中动态分配传输带宽。

1969 年，美国国防部推出了第一个分组交换网系统——ARPAnet。

3. 因特网时期

Internet（国际互联网）的基础结构大体经历了三个阶段的演进，这三个阶段在时间上有部分重叠。

（1）从单个网络 ARPAnet 向互联网发展。到 20 世纪 70 年代中期，人们认识到仅使用一个单独的网络无法满足所有的通信问题，于是 ARPA 开始研究很多网络互联技术，这就导致了互联网的出现。1983 年，ARPAnet 分解成两个网络，一个是进行试验研究用的科研网 ARPA-net，另一个是军用的计算机网络 MILnet。1990 年，ARPAnet 因试验任务完成正式宣布关闭。

（2）建立三级结构的因特网。1985 年起，美国国家科学基金会（NSF）就认识到计算机网络对科学研究的重要性。1986 年，NSF 围绕 6 个大型计算机中心建设计算机网络 NSF-net，它是个三级网络，分为主干网、地区网、校园网。它代替 ARPAnet 成为 Internet 的主要部分。1991 年，NSF 和美国政府认识到因特网不会限于大学和研究机构，于是支持地方网络接入，许多公司纷纷加入，使网络的信息量急剧增加，美国政府于是决定将因特网的主干网转交给私人公司经营，并开始对接入因特网的单位收费。

（3）多级结构因特网的形成。从 1993 年开始，美国政府资助的 NSFnet 就逐渐被若干个商用的因特网主干网替代，这种主干网也叫因特网服务提供者（ISP），考虑到因特网商用化后可能出现很多 ISP，为了使不同 ISP 经营的网络能够互通，到 2015 年，美国的 NAP 达到了十几个。NAP 是最高级的接入点，它主要是向不同的 ISP 提供交换设备，使它们相互通信。至此，因特网已经很难对其网络结构给出很精细的描述，但大致可分为 5 个接入级：网络接入点 NAP，多个公司经营的国家主干网，地区 ISP，本地 ISP，校园网、企业或家庭 PC 机上网用户。

1.1.3 计算机网络的性能指标

通过以下性能指标，可以从不同的方面来度量一个计算机网络的综合性能。

1. 速率

计算机发送的信号都是数字形式的。比特是计算机中数据量的单位，也是信息论中使用的信息量的单位。英文 bit 来源于 binary digit，意思是一个"二进制数字"，因此一个比特就是二进制数字中的一个 1 或 0。网络技术中的速率指的是连接在计算机网络上的主机在数字信道上传送数据的速率，它也称为数据率（data rate）或比特率（bit rate），单位是 bit/s（比特每秒）。生活中人们常用更简单的并且很不严格的记法来描述网络的速率，如 100M 以太网，意思是速率为 100Mbit/s 的以太网。

2. 带宽

带宽本来是指某个信号具有的频带宽度，在计算机网络中，带宽通常用来表示网络的通信线路所能传送数据的能力，因此网络带宽表示在单位时间内从网络中的某一点到另一点所能通过的"最高数据率"。一般所说的"带宽"就是这个意思。其单位是"比特每秒"，记为 bit/s。

3. 吞吐量

吞吐量表示在单位时间内通过某个网络（或信道、接口）的数据量。显然，吞吐量受网络的带宽或网络的额定速率的限制。例如，对于一个 100Mbit/s 的以太网，其额定速率是

100Mbit/s，那么这个数值也是该以太网的吞吐量的绝对上限值。因此，对于 100Mbit/s 的以太网，其典型的吞吐量可能只有 70Mbit/s。有时吞吐量还可用每秒传送的字节数或帧数来表示。

4. 时延

时延是指数据（一个报文或分组，甚至比特）从网络（或链路）的一端传送到另一端所需的时间。时延是个很重要的性能指标，它有时也称为延迟或迟延。网络中的时延由发送时延、传播时延、处理时延、时延带宽积、往返时间（RTT）和利用率几部分组成。

1.1.4 计算机网络的分类

虽然网络类型的划分标准各种各样，但是从连接线路上可分为有线网和无线网两大类，而有线网从地理范围划分又可以分为局域网、城域网、广域网、互联网 4 种。

1. 有线网

有线网是指通过具体的物理连接线路连接而成的网络。

1）局域网（Local Area Network，LAN）

通常所说的"LAN"就是指局域网，这是最常见、应用最广的一种网络。局域网随着整个计算机网络技术的发展得到充分的应用和普及，几乎每个单位都有自己的局域网，甚至有的家庭中都有自己的小型局域网。很明显，所谓局域网，就是在局部地区范围内的网络，它所覆盖的地区范围较小。局域网在计算机数量配置上没有太多的限制，少的可以只有两台，多的可达几百台。一般来说在企业局域网中，工作站的数量为几十台到两百台。网络所涉及的地理距离一般来说可以是几米至 10 千米以内。局域网一般位于一个建筑物或一个单位内，不存在寻径问题，不包括网络层的应用。

这种网络的特点是：连接范围窄、用户数少、配置容易、连接速率高。目前速率最快的局域网是 10G 以太网。IEEE 的 802 标准委员会定义了多种主要的局域网：以太网（Ethernet）、令牌环网（Token Ring）、光纤分布式接口网络（FDDI）、异步传输模式网（ATM）以及最新的无线局域网（WLAN）。这些都将在后面详细介绍。

2）城域网（Metropolitan Area Network，MAN）

这种网络一般来说是在一个城市中，但不在同一地理小区范围内的计算机互联。这种网络的连接距离为 10～100km，它采用的是 IEEE802.6 标准。MAN 与 LAN 相比扩展的距离更长，连接的计算机数量更多，在地理范围上可以说是 LAN 的延伸。在一个大型城市或都市地区，一个 MAN 通常连接着多个 LAN，如政府机构的 LAN、医院的 LAN、电信的 LAN、公司企业的 LAN 等。光纤连接的引入，使 MAN 中高速的 LAN 互联成为可能。

城域网多采用 ATM 技术做骨干网。ATM 是一个用于数据、语音、视频以及多媒体应用程序的高速网络传输方法。ATM 包括一个接口和一个协议，该协议能够在一个常规的传输信道上，在不变的比特率及变化的通信量之间进行切换。ATM 也包括硬件、软件以及与 ATM 协议标准一致的介质。ATM 提供一个可伸缩的主干基础设施，以便适应不同规模、速度以及寻址技术的网络。ATM 的最大缺点就是成本太高，所以一般在政府城域网中应用，如邮政部门、银行、医院等。

3）广域网（Wide Area Network，WAN）

这种网络也称为远程网，其所覆盖的范围比城域网（MAN）更广，它一般是由不同城市的 LAN 或者 MAN 互联，其地理范围可从几百千米到几千千米。因为距离较远，信息衰减比较严重，所以这种网络一般要租用专线，通过接口信息处理协议（IMP）和线路连接起来，构成网状结构，解决寻径问题。这种城域网因为所连接的用户多，总出口带宽有限，所以用户的终端连接速率一般较低，通常为 9.6Kbit/s ~ 45Mbit/s，如邮电部的 CHINANET、CHINAPAC 和 CHINADDN。

上面讲了网络的几种分类，其实在现实生活中最常见的还是局域网，因为它可大可小，无论在单位中还是在家庭中实现起来都比较容易，它也是应用最广泛的一种网络，所以有必要对局域网及局域网中的接入设备作进一步的介绍。

2. 无线网

随着笔记本电脑和个人数字助理（Personal Digital Assistant，PDA）等便携式计算机设备的快速发展和日益普及，人们经常要在路途中联网完成各项工作或进行娱乐活动，然而在交通工具中很难通过各类网线与网络相连接，了为满足这一需求，无线网络技术应运而生。

1）无线网络的定义

无线网络（wireless network）是采用无线通信技术来实现的计算机网络。无线网络既包括允许用户建立远距离无线连接的全球语音和数据网络，也包括为近距离无线连接进行优化的红外线技术及射频技术，它与有线网络的用途十分类似，其最大的不同在于传输媒介的不同，利用无线电取代网线，可以使无线网络和有线网络互为备份。

2）无线网络的接入方式

根据不同的应用环境，无线局域网采用的拓扑结构主要有网桥连接型、访问节点连接型、HUB 接入型和无中心型 4 种。

（1）网桥连接型。

该结构主要用于无线局域网和有线局域网之间的互联。当两个局域网无法实现有线连接或使用有线连接存在困难时，可使用网桥连接型实现点对点的连接。在这种结构中局域网之间的通信是通过各自的无线网桥来实现的，无线网桥起到了网络路由选择和协议转换的作用。

（2）访问节点连接型。

这种结构采用移动蜂窝通信网接入方式，各移动站点间的通信是先通过就近的无线接收站（访问节点：AP）将信息接收下来，然后将收到的信息通过有线网传入"移动交换中心"，再由移动交换中心传送到所有无线接收站上。这时在网络覆盖范围内的任何地方都可以接收到该信号，并可实现漫游通信。

（3）HUB 接入型。

在有线局域网中利用 HUB 可组建星型网络结构。同样也可利用无线 AP 组建星型结构的无线局域网，其工作方式和有线星型结构很相似。但在无线局域网中一般要求无线 AP 具有简单的网内交换功能。

（4）无中心型。

该结构的工作原理类似于有线对等网的工作方式。它要求网中任意两个站点间均能直接进行信息交换。每个站点既是工作站，又是服务器。

3）无线网络的优、缺点

（1）优点：

①移动性：不受时间、空间的限制，用户可在网络中漫游。

②灵活性：不受线缆的限制，可以随意增加和配置工作站。

③低成本：无线局域网不需要大量的工程布线，同时节省线路维护的费用。

④易安装：与有线网络相比无线局域网的配置、设定和维护更容易。

（2）缺点：

无线局域网也有许多不足之处，如它的数据传输速率一般比较低，远低于有线局域网；另外无线局域网的误码率也比较高，而且站点之间相互干扰比较厉害。

4）无线网络的分类

（1）无线局域网（WLAN）。

无线局域网提供了移动接入的功能，这给许多需要发送数据但又不能坐在办公室的工作人员提供了方便。当大量持有便携式电脑的用户都在同一个地方同时要求上网时，若用电缆联网，那么布线就是个很大的问题。这时若采用无线局域网则比较容易。

无线局域网可分为两大类。第一类是有固定基础设施的，第二类是无固定基础设施的。

所谓"固定基础设施"，是指预先建立起来的、能够覆盖一定地理范围的一批固定基站。人们经常使用的蜂窝移动电话就是利用电信公司预先建立的、覆盖全国的大量固定基站来接通用户手机所拨打的电话的。

另一类无线局域网是无固定基础设施的无线局域网，它又叫作自组网络。这种自组网络没有上述基本服务集中的接入点（AP），而是由一些处于平等状态的移动站通过相互通信组成的临时网络。近年来，随着智能手机、平板电脑等便捷式设备的普及，自组无线网络受到人们的重视。

（2）无线个人区域网（WPAN）。

无线个人区域网（WPAN）就是在个人工作的地方把属于个人的电子设备（如便携式电脑、掌上电脑、便携式打印机以及蜂窝电话等）用无线技术连接起来自组网络，其不需要使用接入点 AP，整个网络的范围为 10m 左右。WPAN 可以是一个人使用，也可以是若干人共同使用。WPAN 是以个人为中心来使用的无线网络，它所使用的实际上就是一个低功率、小范围、低速率和低价格的电缆替代技术。

（3）无线城域网（WMAN）。

现在已经有了多种有线宽带接入因特网的网络，然而人们发现，在许多情况下，使用无线宽带接入可以带来很多好处，如更加经济和安装快捷，同时也可以得到更高的数据率。近年来，无线城域网（WMAN）成为无线网络中的一个热点。WMAN 可提供"最后一英里①"的宽带无线接入（固定的、移动的和便携的）。在许多情况下，WMAN 可用来替代现有的有线宽带接入，所以它可称为"无线本地环路"。

1.2 网络技术术语

1.2.1 网络层次

1. 网络层次划分原则

由于网络节点之间联系的复杂性，在制定划分标准时，通常把复杂成分分解成一些简单成

---

① 1 英里 = 1 609.344 米。

分，然后再将它们复合起来。最常用的复合技术就是层次方式，网络协议的层次结构如下：

（1）结构中的每一层都规定有明确的服务及接口标准。

（2）把用户的应用程序作为最高层。

（3）除了最高层外，中间的每一层都向上一层提供服务，同时又是下一层的用户。

（4）把物理通信线路作为最底层，它使用从最高层传送来的参数，是提供服务的基础。

2. 网络层次划分

为了使不同计算机厂家生产的计算机能够相互通信，以便在更大的范围内建立计算机网络，国际标准化组织（ISO）在1978年提出了"开放系统互联参考模型"，即著名的OSI/RM模型（Open System Interconnection/Reference Model），如图1-1所示。它将计算机网络体系结构的通信协议划分为7层，自下而上依次为：物理层（Physics Layer）、数据链路层（Data Link Layer）、网络层（Network Layer）、传输层（Transport Layer）、会话层（Session Layer）、表示层（Presentation Layer）和应用层（Application Layer）。

其中第4层完成数据传送服务，上面3层面向用户。对于每一层，至少制定两项标准：服务定义和协议规范。前者给出了该层所提供的服务的准确定义，后者详细描述了该协议的动作和各种有关规程，以保证服务的提供。

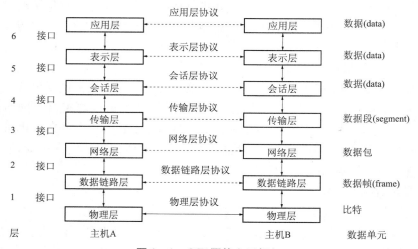

图1-1　OSI网络七层框架

1.2.2　网络协议

1. 什么是网络协议

网络协议（network protocol），是为在计算机网络中进行各类不同数据交换而建立的各项规则、标准或约定的集合。

例如，网络中一个微机用户和一个大型主机的操作员进行通信，由于这两个数据终端所用字符集不同，因此操作员所输入的命令彼此不认识。为了能进行通信，规定每个终端都要将各自字符集中的字符先变换为标准字符集中的字符后，才进入网络传送，到达目的终端之后，再变换为该终端字符集中的字符。当然，对于不相容终端，除了需变换字符集中的字符外，还需转换其他特性，如显示格式、行长、行数、屏幕滚动方式等也需作相应的变换。

2. 网络协议的组成要素

网络协议主要由 3 个要素组成。

1）语义

语义解释控制信息每个部分的意义。它规定了需要发出何种控制信息，以及完成的动作与作出什么样的响应。

2）语法

语法是用户数据与控制信息的结构与格式，以及数据出现的顺序。

3）时序

时序是对事件发生顺序的详细说明（也可称为"同步"）。

人们形象地把这 3 个要素描述为：语义表示要做什么，语法表示要怎么做，时序表示做的顺序。

3. 常用的计算机网络协议

网络中最常用的 3 种通信协议分别是 TCP/IP 协议、NetBEUI 协议和 IPX/SPX 协议。

1）TCP/IP 协议

TCP/IP 协议毫无疑问是这三大协议中最重要的一个，作为互联网的基础协议，没有它人们就根本不可能上网，任何和互联网有关的操作都离不开 TCP/IP 协议。不过 TCP/IP 协议也是这三大协议中配置起来最麻烦的一个，单机上网还好，若通过局域网访问互联网的话，就要详细设置 IP 地址、网关、子网掩码、DNS 服务器等参数。

TCP/IP 协议族中包括上百个互为关联的协议，不同功能的协议分布在不同的协议层，几个常用协议如下：

（1）Telnet（Remote Login）：提供远程登录功能，一台计算机用户可以登录到远程的另一台计算机上，如同在远程主机上直接操作一样。

（2）HTTP（Hyper Text Transfer Protocol）：超文本传输协议，是互联网上应用最为广泛的一种网络协议，所有的 WWW 文件都必须遵守这个标准。

（3）FTP（File Transfer Protocol）：远程文件传输协议，允许用户将远程主机上的文件拷贝到自己的计算机上。

（4）SMTP（Simple Mail Transfer Protocol）：简单邮政传输协议，用于传输电子邮件。

（5）UDP（User Datagram Protocol）：用户数据包协议，它和 TCP 一样位于传输层，和 IP 协议配合使用，在传输数据时省去包头，但它不能提供数据包的重传，所以适合传输较短的文件。

（6）NFS（Network File Server）：网络文件服务器，可使多台计算机透明地访问彼此的目录。

2）NetBEUI 协议

TCP/IP 协议尽管是目前最流行的网络协议，但 TCP/IP 协议在局域网中的通信效率并不高，使用它在浏览"网上邻居"中的计算机时，经常会出现不能正常浏览的现象。此时安装 NetBEUI 协议就会解决这个问题。

NetBEUI 即"NetBios Enhanced User Interface"的简称，也称为 NetBios 增强用户接口。它是 NetBIOS 协议的增强版本，曾被许多操作系统采用，例如 Windows for Workgroup、Win 9x系列、Windows NT 等。NETBEUI 协议在许多情形下很有用，是 Windows 98 之前的操

作系统的缺省协议。NetBEUI 协议是一种短小精悍、通信效率高的广播型协议，安装后不需要进行设置，特别适合在"网络邻居"中传送数据。所以建议除了 TCP/IP 协议之外，小型局域网中的计算机也可以安装 NetBEUI 协议。另外还有一点要注意，如果一台只装了 TCP/IP 协议的 Windows 98 机器要想加入 WINNT 域，也必须安装 NetBEUI 协议。

3）IPX/SPX 协议

IPX/SPX 协议本来是 Novell 开发的专用于 NetWare 网络的协议，但是它也非常常用，大部分可以联机的游戏都支持 IPX/SPX 协议，比如星际争霸、反恐精英等。虽然这些游戏通过 TCP/IP 协议也能联机，但显然还是通过 IPX/SPX 协议更省事，因为根本不需要任何设置。除此之外，IPX/SPX 协议在非局域网络中的用途似乎并不是很大，如果不在局域网中联机玩游戏，那么这个协议可有可无。

1.2.3　网络地址

1. 网络地址的定义

网络地址（network address）是互联网上的节点在网络中的逻辑地址。

互联网络是由互相连接的带有连接节点（主机和路由器）的 LAN 组成的。每个设备都有一个物理地址连接到具有 MAC 层地址的网络，每个节点都有一个逻辑互联网络地址。因为一个网络地址可以根据逻辑分配给任意一个网络设备，所以又叫逻辑地址。

网络地址通常可分成网络号和主机号两部分，用于标识网络和该网络中的设备。采用不同网络层协议，网络地址的描述是不同的，例如 IP 协议用二进制来表示网络地址，一般就叫作 IP 地址。MAC 地址用于网络通信，网络地址是用来确定网络设备位置的逻辑地址。

2. 网络地址协议

国际互联网依靠 TCP/IP 协议，在全球范围内实现不同硬件结构、不同操作系统、不同网络系统的互联。在 Internet 上，每个节点都依靠唯一的 IP 地址互相区分和相互联系。IP 地址是一个 32 位二进制数的地址，由 4 个 8 位字段组成，每个字段最多可以转化为 3 位 0～255 的整数。每个字段之间用点号隔开，用于标识 TCP/IP 宿主机，例如"192.168.131.188"。

每个 IP 地址都包含两部分：网络 ID 和主机 ID。网络 ID 标识在同一个物理网络上的所有宿主机，主机 ID 标识该物理网络上的每一个宿主机，于是整个 Internet 上的每个计算机都依靠各自唯一的 IP 地址来标识。

IP 地址构成了整个 Internet 的基础，它很重要，每一台联网的计算机无权自行设定 IP 地址，有一个统一的机构（IANA）负责对申请的组织分配唯一的网络 ID，而该组织可以对自己的网络中的每一个主机分配一个唯一的主机 ID，正如一个单位无权决定自己在所属城市的街道名称和门牌号，但可以自主决定本单位内部的各个办公室编号一样。

3. 地址分类

1）静态 IP 与动态 IP

从 IP 的状态是否发生变化，可以把网络地址分为静态 IP 地址与动态 IP 地址。

对于一个设立了因特网服务的组织机构，由于其主机对外开放了诸如 WWW、FTP、E-mail 等访问服务，通常要对外公布一个固定的 IP 地址，以方便用户访问。当然，数字 IP 不便记忆和识别，人们更习惯通过域名来访问主机，而域名实际上仍然需要被域名服务器（DNS）翻译为 IP 地址。对于大多数拨号上网的用户，由于其上网时间和空间的离散性，为每个用户分配一个固定的 IP 地址（静态 IP 地址）是非常不可取的，这将造成 IP 地址资源的极大浪费。因此这些用户通常会在每次拨通 ISP 的主机后，自动获得一个动态的 IP 地址，该地址当然不是任意的，而是该 ISP 申请的网络 ID 和主机 ID 的合法区间中的某个地址。拨号用户任意两次连接时的 IP 地址很可能不同，但是在每次连接时间内 IP 地址不变。

2）IPv4 与 IPv6

因为 IP 地址是 32 位二进制数的地址，所以理论上讲大约有 60 亿（2 的 32 次方）个可能的地址组合，这似乎是一个很大的地址空间。但实际上，由于历史原因和技术发展的差异，A 类地址和 B 类地址几乎分配殆尽。

（1）IPv4 地址。

①IPv4 描述。

因特网目前使用的地址都是 IPv4 地址（32 比特），通常用 4 个点分十进制数表示。为了给不同规模的网络提供必要的灵活性，IP 的设计者将 IP 地址空间划分为几个不同的地址类别，地址类别的划分针对不同规模的网络。

A 类网：网络号为 1 个字节，定义最高比特为 0，余下 7 比特为网络号，主机号则有 24 比特编址，用于超大型的网络，全世界总共有 128（2^7）个 A 类网。

B 类网：网络号为 2 字节，定义最高比特为 10，余下 14 比特为网络号，主机号则可有 16 比特编址。B 类网是中型规模的网络，总共有 16 384（2^{14}）个网络，每个网络有 65 536（2^{16}）台主机。

C 类网：网络号为 3 字节，定义最高 3 比特为 110，余下 21 比特为网络号，主机号仅有 8 比特编址。C 类地址适用于较小规模的网络，总共有 2 097 152（2^{21}）个网络，每个网络有 256（2^8）台主机（同样忽略边缘号码）。

D 类网：不分网络号和主机号，定义最高 4 比特为 1110，表示一个多播地址，即多目的地传输，可用来识别一组主机。

此外，在因特网的 IP 地址中有些是预留的专用地址，不能再作分配：

a. 主机地址全为"0"。不论哪一类网络，主机地址全为"0"表示指向本网，常用在路由表中。

b. 主机地址全为"1"。主机地址全为"1"表示广播地址，向特定的所在网上的所有主机发送数据包。

c. 4 字节 32 比特全为"1"。若 IP 地址的 4 字节 32 比特全为"1"，表示仅在本网内进行广播发送。

d. 网络号 127。TCP/IP 协议规定网络号 127 不可用于任何网络。其中有一个特别地址：127.0.0.1，称为回送地址（loopback），它将信息通过自身的接口发送后返回，可用来测试端口状态。

②应用现状。

因为 IP 地址是 32 位二进制数的地址，所以理论上讲大约有 60 亿（2 的 32 次方）个可能的地址组合，这似乎是一个很大的地址空间。实际上，根据网络 ID 和主机 ID 的不同位数规则，可以将 IP 地址分为 A（8 位网络 ID 和 24 位主机 ID）、B（16 位网络 ID 和 16 位主机 ID）、C（24 位网络 ID 和 8 位主机 ID）三类，由于历史原因和技术发展的差异，A 类地址和 B 类地址几乎分配殆尽。所以，接下来要大力发展 IPv6 地址技术。

（2）IPv6 地址。

IPv6 地址的长度为 128 位，也就是说可以有 2^{128} 个 IP 地址，相当于 10 的后面有 38 个零。如此庞大的地址空间，足以保证地球上每个人拥有一个或多个 IP 地址。

①IPv6 地址类型。

RFC1884 中指出了 3 种类型的 IPv6 地址，它们分别占用不同的地址空间：

a. 单点传送。这种类型的地址是单个接口的地址。发送到一个单点传送地址的信息包只会送到地址为这个地址的接口。

b. 任意点传送。这种类型的地址是一组接口的地址，发送到一个任意点传送地址的信息包只会发送到这组地址中的一个（根据路由距离的远近来选择）。

c. 多点传送。这种类型的地址是一组接口的地址，发送到一个多点传送地址的信息包会发送到属于这个组的全部接口。

②IPv6 地址表示。

对于 128 位的 IPv6 地址，考虑到 IPv6 地址的长度是原来的 4 倍，RFC1884 规定的标准语法建议把 IPv6 地址的 128 位（16 个字节）写成 8 个 16 位的无符号整数，每个整数用 4 个十六进制数表示，这些数之间用冒号（：）分开，例如"3ffe：3201：1401：1：280：c8ff：fe4d：db39"。

手动管理 IPv6 地址的难度太大了，DHCP 和 DNS 的必要性在此时更加明显。为了简化 IPv6 的地址表示，只要保证数值不变，就可以将前面的 0 省略。

比如："1080：0000：0000：0000：0008：0800：200C：417A"可以简写为"1080：0：0：0：8：800：200C：417A"。

另外，规定还可以用符号"::"表示一系列"0"。那么上面的地址又可以简化为"1080：8：800：200C：417A"。

IPv6 地址的前缀（Format Prefix，FP）的表示和 IPv4 地址的前缀在 CIDR 中的表示方法类似。比如"0020：0250：f002::/48"表示一个前缀为 48 位的网络地址空间。

③IPv6 地址分配。

RFC1881 规定，IPv6 地址空间的管理必须符合 Internet 团体的利益，必须通过一个中心权威机构来分配。这个权威机构就是 Internet 分配号码权威机构（Internet Assigned Numbers Authority，IANA）。IANA 会根据 IAB（Internet Architecture Board）和 IEGS 的建议来进行 IPv6 地址的分配。

IANA 已经委派以下 3 个地方组织来执行 IPv6 地址分配的任务：欧洲的 RIPE-NCC、北美的 INTERNIC 和亚太平洋地区的 APNIC。

1.3　网站基础知识

1.3.1　网站与网页

互联网上有上亿个网站，每个网站又分别由若干个相互关联的网页组成，因此，可以说网站是相关网页的集合体。

1. 网页的定义

网页又称 Web 页，它是组成网站的最基本单元。用户上网时所浏览的网站中的页面就是网页。一个网页通常表现为一个单独的 HTML 文件，在页面上可以包含文字、图像、多媒体、程序脚本和超级链接等内容。

2. 网站的定义

网站是指在互联网上根据一定的规则，使用超文本标记语言（HTML）等工具制作的用于展示特定内容的相关网页的集合。

简单地说，网站是一种沟通工具，人们可以通过网站来发布自己想要公开的资讯，或者利用网站来提供相关的网络服务。人们可以通过网页浏览器来访问网站，获取自己需要的资讯或者享受网络服务。

3. 网站首页

首页也称为主页，它是一个单独的网页，和一般网页一样，可以存放各种信息，也是网站所有信息的归类目录或分类缩影。通常来说，一个网站只有一个首页。其命名方式为"index. html"（或其他扩展名）。

1.3.2 网站域名

1. 域名的定义

域名（domain name）是一个网站得以被访问的重要网络地址标志。其本身是由用特殊规则命名的字符来指代的 Internet 上某台计算机或计算机小组。各个名称间的字符命名用"."进行分隔。通过域名，网络服务器可以快速定位到计算机在互联网上的具体地址。网络上的一般地址由 TCP/IP 地址进行分配，但 TCP/IP 地址主要由 12 位 4 组的数字组成，较难记忆，因此，人们通过绑定专门的域名，来完全具体化计算机或电子设备终端在网络上的地址指代。

因此，也可以说域名是针对 IP 地址所设的"别名"。每个域名都是唯一的，不许雷同。1985 年 1 月，世界上的第一个域名开始注册，至今已经有十多亿个域名在互联网上运行使用。

2. 域名的工作原理

人们目前所使用的网络都是利用 TCP/IP 协议进行各类通信和连接操作的。就像在现实生活中每个住房都需要有一个通信地址一样，在网络的虚拟世界中（不论是局域网还是互联网），每台计算机也都会被分配一个 IP 地址，作为其在互联网上唯一的固定识别标志，用以区别网络中其他成千上万个计算机和电子终端。

网络在区分其网段上的计算机和设备时，均采用了一种唯一、通用的地址格式加标志，即为每一台与之相连接的计算机和服务器都分配一个独一无二的 IP 地址。用户可以通过"网上邻居"→"属性"→"本地连接"→"属性"→"Internet 协议（TCP/IP）"来指定、修改或查看 IP 地址。

当然，IP 地址的分配有固定的规则和步骤。为了保证网络上的每台计算机的 IP 地址都是独一无二的，网络用户必须向网络信息服务商或其他主管机构提出注册申请，得以分配某一 IP 地址或包含多个 IP 地址的地址段。网络中的地址应用方案分为两种：IP 地址系统和域名地址系统。这两套地址系统其实是一一对应、互相绑定的使用关系，通过任何一套地址系统进行访问的结果都是一样的。IP 地址在书写时用十进制来进行描述，一共 4 组，每组 1~3 位数字，其取值范围都是 0~255。每组数字用"."进行分隔。例如，"168. 110. 10. 201"即表示一个特定的 IP 地址。在计算机系统中其会转化成二进制数来表示具体的地址长度，每个 IP 地址长 32 比特，由于 IP 地址是数字标志，使用时难以记忆和书写，因此在 IP

地址的基础上又发展出一种符号化的地址方案，以代替数字型的 IP 地址。每一个符号化的地址都与特定的 IP 地址对应，这样网络上的资源访问起来就容易得多了。这个与网络上的数字型 IP 地址相对应的字符型地址，称为"域名"。

所以说，域名就是上网单位的特殊名称，是一个通过计算机登录网络的单位在网络中的地址。如果一个公司希望在网络上存放自己的公司商务网站，就必须先取得一个域名。同样，域名也是由若干部分组成的，包括数字和字母。通过该地址，人们可以在网络上找到所需的详细资料。域名是上网单位和个人在网络上的重要标识，起着识别作用，便于他人识别和检索某一企业、组织或个人的信息资源，从而更好地实现网络上的资源共享。除了识别功能外，在虚拟环境下，域名还可以起到引导、宣传、代表等作用。

3. 域名的命名与构成

域名由域名网络名前缀、域名主体和域名类别三大部分组成。各部分通过"."符号进行连接。

根据网络的协议标准的规定，网站域名的命名必须符合以下规定：

（1）国际通用域名中的字符标号只能由英文字母、数字和下划线组成；

（2）域名段中的每一个标号均不超过 63 个计算机字符位；

（3）域名不区分大、小写字母；

（4）标号中除连字符（-）外不能使用其他标点符号；

（5）级别最低的域名写在最左边，级别最高的域名写在最右边；

（6）由多个标号组成的完整域名总共不超过 255 个字符。

现以"百合网"这个常见的主机域名为例进行说明。它的域名是"www. baihe. com"，其中，最前面的"www"是网络名，表明本域名为适用于 www（万维网）的域名。中间部分的"baihe"是这个域名的域名主体，起最主要的标识作用。最后的标号"com"则是该域名的后缀，表明这是一个 com（商业组织）类型的国际域名。

除了国际通用的英文域名外，现在很多国家也纷纷开发使用一些采用本国家语言来书写的网址域名，如日语域名、西班牙语域名等。中国也已开始在市场中开放使用中文域名。因为英文域名具有更强的国际通用性，所以在可以预见的未来一段时间里，以英语字母来书写域名（即英文域名）仍然是主流命名方法。

4. 域名的基本类别

1）国际域名

国际域名，也叫作顶级域名（international top-level domain-names，iTDs）。这是全世界使用最早和最广泛的域名。例如表示商业组织的".com"域名，表示网络信息提供组织的".net"域名，表示各类非营利组织、团体的".org"域名等。

除了国际域名外，还可进行二级域名的注册与管理。这部分工作由各大域名注册服务商（registrar company）提供。这类服务商必须经过国际域名及 IP 地址管理权威机构 ICANN 的认证才可对外提供二级域名的注册服务。截至目前，全世界通过 ICANN 认证的域名注册服务商约有近 130 家，但其中只有一个对外正式投入运营。

2）国内域名

国内域名（national top-level domainnames，nTLDs），也叫国家域名，通常是指通过我国相关机构进行注册，主要指代主机是我国国内机构、组织、团体的那部分域名。国内域名按照国家的不同分配不同后缀，它们有个显著的标志即皆以".cn"进行结尾，如".gov.cn" ".edu.cn""com.cn"等。国内域名经由中国互联网络管理中心注册登记，并统一管理。

中国互联网络信息中心（China Internet Network Information Center，CNNIC）是经国家信息化主管部门批准，于1997年6月3日组建的管理和服务机构，对外行使国家互联网络信息中心的相关职责。

很多国家或地区都建设有自己本国的国内域名。截至目前，200多个国家和地区都按照ISO3166国家代码分配了顶级域名，例如中国是"cn"，美国是"us"，日本是"jp"，香港是"hk"等。在实际使用和功能上，国际域名与国内域名没有任何区别，都是互联网上具有唯一性的标识。只是在最终管理机构上，国际域名由美国商业部授权的互联网名称与数字地址分配机构（The Internet Corporation for Assigned Names and Numbers，ICANN）负责注册和管理，而国内域名则由中国互联网络管理中心（China Internet Network Information Center，CNNIC）负责注册和管理。

5. 域名的级别

1）顶级域名

顶级域名又分为两类：国家顶级域名（nTLDs）和国际顶级域名（iTDs）。

其中顶级域名".com"使用最为广泛，但也引发很多的注册歧义。为加强域名管理，解决域名资源的紧张，Internet协会、Internet分址机构及世界知识产权组织（WIPO）等国际组织会不定期推出一些新的顶级域名分类，并在全世界范围内选择新的注册机构来受理域名注册申请。

2）二级域名

二级域名是指顶级域名之下的域名。在国际顶级域名下，它是指域名注册人的网上名称，例如ibm、yahoo、microsoft等；在国家顶级域名下，它是表示注册企业类别的符号，例如com、top、edu、gov、net等。

中国在国际互联网络信息中心（Inter NIC）正式注册并运行的顶级域名是cn，这也是中国的一级域名。在顶级域名之下，中国的二级域名又分为类别域名和行政区域名两类。类别域名共7个，包括用于科研机构的ac，用于工商金融企业的com、top，用于教育机构的edu，用于政府部门的gov，用于互联网络信息中心和运行中心的net，用于非营利组织的org。行政区域名有34个，分别对应中国各省、自治区和直辖市。

3）三级域名

三级域名由字母（A~Z，a~z，大、小写等）、数字（0~9）和连接符（-）组成，各级域名之间用实点（.）连接，三级域名的长度不能超过20个字符。如无特殊原因，建议采用申请人的英文名（或者缩写）或者汉语拼音名（或者缩写）作为三级域名，以保持域名的清晰性和简洁性。

6. URL

URL又名为统一资源定位器，用于描述Internet上资源的位置和访问方式，相当于写信的通信地址，因此也被叫作"网址"。

其语法结构如下：

Scheme：//host.domain：portr/path/filename

说明：

URL包括三个部分，一个是Scheme，它告诉浏览器该如何工作，第二部分是域名，它用来指代网页所存在的主机，第三部分是文件的路径。例如：

HTTP：//travel. huaxiaonline. net/gaunafa/index. html

其中"HTTP"为协议；"travel. huaxiaonline. net"为网站主机域名；"/gaunafa/ index. html"为文件路径。

1.3.3 网站分类

1. 按功能类型分类

网站按功能类型不同，分为以下几种。

2. 大型门户网站（图1-2）

国内知名的新浪、搜狐、网易、腾讯等都属于大型门户网站。大型门户网站的特点：网站信息量非常大，同时网站以咨询、新闻等内容为主。网站内容比较全面，包括很多分支信息，比如房产、经济、科技、旅游等。大型门户网站通常访问量非常大，每天有数千万甚至上亿的访问量，是互联网的最重要的组成部分。

图1-2 大型门户网站——新浪网

2）行业网站（图1-3）

行业网站是以某一个行业内容为主题的网站，行业网站通常包括行业资讯、行业技术信息、产品广告等。目前基本每个行业都有行业网站，比如五金行业网站、机电行业网站、工程机械行业网站、旅游服务行业网站等。行业网站在该行业中有一定的知名度，通常流量也比较大，每天有上万的流量。行业网站主要靠广告输入、付费商铺、联盟广告、软文、链接买卖等方式盈利。

图 1-3　行业网站——汽车之家

3）交易类网站（图 1-4）

交易类网站主要包括 B2B、B2C、C2C 等类型。交易类网站以在网站产生销售为目的，通过"产品选择"→"订购"→"付款"→"物流发货"→"确认发货"等流程实现产品的销售。国内知名的交易类网站有阿里巴巴、淘宝、京东等。

图 1-4　交易类网站——淘宝网

4）分类信息网站（图 1-5）

分类信息网站好比互联网的集贸市场，有人在上面发布信息销售产品，有人在上面购买物品。分类信息网站主要面向同城，是同城产品销售的重要平台。国内知名的分类信息网站包括58同城、百姓网、列表网等。如果人们有闲置的物品，那么分类信息网站则为其提供了最好的销售平台，而且还是免费的。

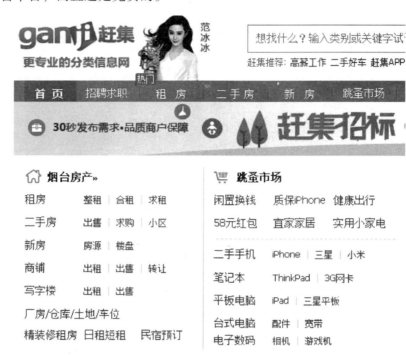

图1-5　分类信息网站——赶集网

5）论坛\BBS（图1-6）

论坛是一个交流的平台，注册论坛账号并登录以后，就可以发布信息，也可以对信息回帖，实现交流的功能。

图1-6　BBS——天涯社区

6）政府网站（图 1 − 7）

政府网站由政府和事业单位主办，通常内容比较权威，是政府对外发布信息的平台。目前国内政府和事业单位基本都有自己的网站。

图 1 − 7　政府网站——中国烟台政府门户网站

7）功能性网站（图 1 − 8）

功能性网站提供某一种或者几种功能，比如站长工具、电话手机号码查询、物流信息查询、火车票购买等。功能性网站以实现某一种或者几种功能为主要服务内容。用户也是为了实现某一种功能来浏览该网站。

图 1 − 8　功能网站——火车票订票网站

8）娱乐类型网站（图 1 − 9）

娱乐类型网站主要包括视频网站（优酷、土豆）、音乐网站、游戏网站等。虽然互联网发展非常迅速，但是互联网还是以娱乐为主，大部分人上网还是为了娱乐。通常娱乐类型网站的浏览量非常大，以视频网站、游戏网站最为突出。

图1-9　娱乐类型网站——优酷

9）企业网站（图1-10）

企业网站是互联网上数量最多的网站类型，现在几乎每个企业都有自己的企业网站。企业网站的内容包括企业的新闻动态、企业的产品信息、企业的简介、企业的联系方式等。企业网站是企业对外展示的窗口，也是企业销售产品的最主要方式。

图1-10　企业网站——李宁品牌官网

10）交友网站（图1-11）

交友网站是以交友为目的、基于网络平台的广泛性、互通性、娱乐性、经济性、安全性等优点，于21世纪初出现的互动型服务网站。按照类型，可以简单地将它们分为婚恋交友类网站和社交交友类网站两种。前者如百合网、世纪佳缘网等；后者如人人网、新浪微博等。

图 1－11　交友网站——世纪佳缘网

11）个人网站（图 1－12）

个人网站是指个人或团体因某种兴趣、拥有某种专业技术、提供某种服务或为把自己的作品、商品展示销售而制作的具有独立空间域名的网站。一般个人网站拥有更大的自由性且更具个性。

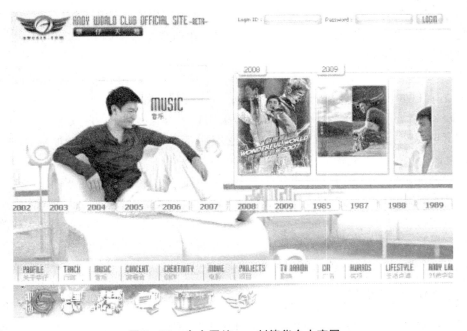

图 1－12　个人网站——刘德华个人官网

3. 技术分类

网站按技术特征不同，可分为静态网站和动态网站两大类。

静态网站是指全部由 HTML（标准通用标记语言的子集）代码格式页面组成的网站，所有的内容包含在网页文件中。网页上也可以出现各种视觉动态效果，如 GIF 动画、FLASH 动画、滚动字幕等，而网站主要由静态化的页面和代码组成，一般文件名均以 htm、html、shtml 等为后缀。

动态网站由动态网页构成。动态网页是跟静态网页相对的一种网页编程技术，它在静态页面 HTML 代码的基础上添加了程序开发语言，从而使页面内容可以动态地发生变化。随着 HTML 代码的生成，静态网页页面的内容和显示效果基本上不会发生变化，除非修改页面代码。而动态网页则不然，页面代码虽然没有变，但是显示的内容却是可以随着时间、环境或者数据库操作的结果而发生改变的。

1.4 HTML 语言概述

1.4.1 HTML 简介

1. HTML 语言的定义

HTML（Hyper Text Markup Language）语言，又叫作超文本标记语言。它是在全球广域网上被统一用来描述网页内容和外观的一种标准。计算机通过 HTML 语言规划，对网页进行展现。HTML 包含一对打开和关闭的标记，其中包含属性和值。标记描述了每个网页上的组件，例如文本段落、表格或图像等。

HTML 是互联网上最通用的网页制作标记性语言，其格式和功能都是固定的，它并不能被当作 Java、C#之类程序设计语言来看待，因为它缺少程序设计语言所应有的特征。HTML 语言的主要功能是通过 IE 等浏览器的翻译，将网页中所要呈现的内容展现在用户眼前。

2. HTML 语言的特点

超级文本标记语言文档的制作不是很复杂，但功能强大，支持不同数据格式的文件嵌入，这也是万维网（WWW）盛行的原因之一，其主要特点如下：

（1）简易性：超级文本标记语言版本升级采用超集方式，更加灵活方便。

（2）可扩展性：超级文本标记语言的广泛应用带来了加强功能、增加标识符等要求，超文本标记语言采取子类元素的方式，为系统扩展带来保证。

（3）平台无关性：虽然个人计算机大行其道，但使用 MAC 等其他机器的大有人在，超文本标记语言可以使用在广泛的平台上，这是万维网（WWW）盛行的另一个原因。

（4）通用性：HTML 是网络的通用语言，是一种简单、通用的全置标记语言，它允许网页制作人建立文本与图片相结合的复杂页面，这些页面可以被网上其他任何人浏览，无论他们使用的是什么类型的电脑或浏览器。

1.4.2 HTML 的发展历史

1969 年前后，托德·尼尔逊提出超文本的概念，IBM 公司的 Charkes Goklfard 等设计出了通用标记语言——GML。1978 年，美国国家标准局一工作组对 GML 进行了规范，推出了名为"SGML"的通用标记语言。1980 年，ISO 正式确定 SGML 为描述各种电子文件结构及内容的国际通用标准。

1990 年，Tim Berners-Lee 将他设计的初级浏览和编辑系统在网上合二为一，创建了一种快速小型超文本语言来为他的想法服务。他设计了数十种乃至数百种未来使用的超文本格式，并想象智能客户代理通过服务器在网上进行轻松谈判并翻译文件。它同 Macintosh 的 Claris XTND 系统极为相似，不同的是它可以在任何平台和浏览器上运行。

最初的 HTML 语言以文本格式为基础，可以用任何编辑器和文字处理器来为网络创建或转换文本，仅有不多的几个标签。网络从此迅猛发展，人们开始在网上发布信息。很快人们就开始琢磨在网上放置图像和图标。

1993 年，NCSA 推出了 Mosaic，也就是第一个图文浏览器，从此网络开始更加迅速地发展起来。HTML 语言也不断产生新型、功能强大且生动有趣的标签形式，例如 < background >、< frame >、< font > 和 < blink > 等。

到现在为止，HTML 已经发展到了比较成熟的 HTML 5 版本，在这个版本的语言中，规范更加统一，浏览器之间的兼容性也更加完善。

HTML 发展的具体历程如下：

超文本标记语言（第一版）——在 1993 年 6 月作为互联网工程工作小组（IETF）的工作草案发布；

HTML 2.0——1995 年 11 月作为 RFC 1866 发布，在 RFC 2854 于 2000 年 6 月发布之后被宣布已经过时；

HTML 3.2——1997 年 1 月 14 日发布，W3C 推荐标准；

HTML 4.0——1997 年 12 月 18 日发布，W3C 推荐标准；

HTML 4.01（微小改进）——1999 年 12 月 24 日发布，W3C 推荐标准；

HTML 5——2014 年 10 月 28 日发布，W3C 推荐标准；

ISO/IEC 15445：2000（"ISO HTML"）——2000 年 5 月 15 日发布，基于严格的 HTML 4.01 语法，是国际标准化组织和国际电工委员会的标准。

HTML 没有 1.0 版本是因为当时有很多不同的版本。有些人认为蒂姆·伯纳斯·李的版本应该算初版，这个版本没有 img 元素。当时被称为"HTML +"的后续版的开发工作于 1993 年开始，最初是被设计成为"HTML 的一个超集"。第一个正式规范为了和当时的各种 HTML 标准区分开来，使用了"2.0"作为其版本号。HTML + 的发展继续下去，但是它从未成为标准。

HTML3.0 规范是由当时刚成立的 W3C 于 1995 年 3 月提出的，它提供了很多新的特性，例如表格、文字绕排和复杂数学元素的显示。虽然它是被设计用来兼容 2.0 版本的，但是实现这个标准的工作在当时过于复杂，在草案于 1995 年 9 月过期时，标准开发也因为缺乏浏览器的支持而中止了。3.1 版从未被正式提出，而下一个被提出的版本是开发代号为"Wilbur"的 HTML 3.2，它去掉了大部分 3.0 版本中的新特性，但是加入了很多特定浏览器，例如 Netscape 和 Mosaic 的元素和属性。HTML 对数学公式的支持最后成为另外一个标准：MathML。

HTML 4.0 同样也加入了很多特定浏览器的元素和属性，但是同时也开始"清理"这个标准，把一些元素和属性标记为过时，建议不再使用它们。HTML 在未来会和 CSS 结合得更好。

HTML 5 草案的前身名为 Web Applications 1.0。于 2004 年被 WHATWG 提出，于 2007 年被 W3C 接纳，并成立了新的 HTML 工作团队。在 2008 年 1 月 22 日，第一份正式草案

发布。

XHTML1.0 发布于 2000 年 1 月 26 日，是 W3C 推荐标准，后来经过修订于 2002 年 8 月 1 日重新发布。

XHTML 1.1 于 2001 年 5 月 31 日发布，是 W3C 推荐标准。

XHTML 2.0 是 W3C 工作草案。

XHTML 5 从 XHTML 1.x 的更新版，基于 HTML 5 草案。

XHTML4.01 是常见的版本。

1.4.3 HTML 的书写方法

1. HTML 的结构

HTML 语言从结构上可以分为"头文件"和"主体文件"两大部分。其中，"头文件"部分（head）必须写在 HTML 代码的外层，用来提供关于网页的各类属性信息，如版本号、字符集、浏览器、关键字、主要内容提示、标题等；"主体文件"部分（body）则写在"头文件"所嵌套的内部，其主要作用是提供网页的具体显示内容和功能组成。

一个 HTML 文件的基本结构如下：

＜html＞网页文件开始标记

＜head＞网页头文件开始的标记

…网页头文件的内容

＜/head＞网页头文件结束的标记

＜body＞网页主体文件开始的标记

…网页主体文件的内容

＜/body＞网页主体文件结束的标记

＜/html＞网页文件结束标记

从上面的代码结构可以看出，在 HTML 文件中，所有的标记都是相对应的，开头标记为＜＞，结束标记为＜/＞，在这两个标记中间添加内容。

有了标记作为文件的主干后，在 HTML 文件中便可添加属性、数值、嵌套结构等各种类型的内容了。

2. HTML 语言的编辑工具

HTML 语言虽然号称超文本，但同样可以使用文本工具对它进行一般编辑。编辑后的执行，则需要通过浏览器的解释操作来完成。HTML 语言的编辑器大体可以分为 4 类：

（1）基本文本、文档编辑软件。用户可以使用微软自带的记事本或写字板来完成基本 HTML 代码的编写，当然，如果用 WPS 来编写也可以，不过存盘时请使用".htm"或".html"作为扩展名，以方便浏览器认出并直接解释执行。

（2）半所见即所得软件，如 FCK-Editer、E-webediter 等在线网页编辑器，尤其推荐 Sublime Text 代码编辑器（由 Jon Skinner 开发，Sublime Text 2 收费但可以无限期试用）。

（3）所见即所得软件。使用这类编辑器，完全可以一点不懂 HTML 的知识就可以做出网页，如 AMAYA（出品单位：万维网联盟）、Frontpage（出品单位：微软）、Dreamweaver（出品单位：Adobe）等。

（4）各类程序开发软件，如 Visual stdio、Eclipce 等。

其中，各类所见即所得软件和程序开发软件与半所见即所得的软件相比，开发速度更快，效率更高，且直观的表现更强。任何地方进行修改只需要刷新即可显示。缺点是生成的代码结构复杂，不利于大型网站的多人协作和精准定位等高级功能的实现。

3. HTML 字符集

在网页中除了可显示常见的美国信息交换标准代码（ASCII）字符和汉字外，HTML 还有许多特殊字符，它们一起构成了 HTML 字符集。

如想在用户的电脑上正确地显示 HTML 页面内容，所安装的浏览器必须知道该网页使用的是哪种字符集。

万维网早期使用的字符集是 ASCII。ASCII 支持 0～9 的数字、大写和小写英文字母，以及一些特殊字符。但由于很多国家使用的字符并不属于 ASCII，现代浏览器的默认字符集是 ISO-8859-1。

HTML 4.01 支持 ISO 8859-1（Latin-1）字符集。

ISO-8859-1 的较低部分（从 1 到 127 之间的代码）是最初的 7 比特 ASCII。

ISO-8859-1 的较高部分（从 160 到 255 之间的代码）全都有实体名称。

这些符号中的大多数都可以在不进行实体引用的情况下使用，但是实体名称或实体编号为那些不容易通过键盘键入的符号提供了表达的方法。必须要注意的是：实体名称对大、小写敏感。

1.4.4　HTML 的标签

既然 HTML 是超文本标记语言，那么可以想象其构成主要是通过各种标记来标示和排列各对象，通常由尖括号"＜""＞"以及其中所包容的标记元素组成。例如，＜head＞与＜/head＞就是一对标记，称为文件的头部标记，用来记录文档的相关信息。

在 HTML 中，所有的标记都是成对出现的，而结束标记总是在开始标记前增加一个"/"。标记与标记之间还可以嵌套，也可以放置各种属性。此外在源文件中，标记是不区分大、小写的，因此在 HTML 源程序中，＜Head＞与＜HEAD＞的写法都是正确的，而且其含义是相同的。

HTML 定义了 3 种标记用于描述页面的整体结构。页面结构标记不影响页面的显示效果，它们是帮助 HTML 工具对 HTML 文件进行解释和过滤的：

（1）＜html＞标记：HTML 文档的第 1 个标记，它通知客户端该文档是 HTML 文档，类似的，结束标记＜/html＞出现在 HTML 文档的尾部。

（2）＜head＞标记：出现在文档的起始部分，标明文档的头部信息，一般包括标题和主题信息，其结束标记＜/head＞指明文档标题部分的结束。

（3）＜body＞标记：用来指明文档的主体区域，该部分通常包容其他字符串，例如标题、段落、列表等。读者可以把 HTML 文档的主体区域简单地理解成标题以外的所有部分，其结束标记＜/body＞指明主体区域的结尾。

在后面的章节当中，本书会结合工具软件 Dreamweaver，分别介绍各种 HTML 语言标签在不同情况下的应用方法。

1.5　课堂练习

1. 练习内容

统计网站的域名、IP 地址、网站名和分类信息。

2. 练习目标

熟悉网站的各类组成要素和属性内容。

3. 具体要求

（1）在网上找一个自己喜欢的网站，并说明其属于哪一类网站。

（2）统计出该网站的网站名称与 logo。

（3）统计出该网站的域名，并分析其属于哪一类域名。

（4）通过"ping"或"nslookup"等命令，查看该网站的 IP 地址信息。

第2章　网页色彩设计

2.1　色彩的定义

色彩，是人们评价外在世界的重要表达因素之一。从物理学上讲，色彩是阳光映射到物体上再反射到人的眼睛中所引起的一种视觉感受。

从字面意思来理解，色彩可分为"色"和"彩"两部分。所谓"色"是指人类对光线进入眼睛后反馈至大脑后所产生的信息判断，而"彩"则是指含有多种不同颜色的意思。色彩，看似五彩斑斓，实则都只是人类对光线变化的大脑理解。

一个能吸引用户的网站，必须有美丽而适宜的色彩搭配。

2.2　色彩的常见分类

2.2.1　三原色

1. 三原色的定义

自然界中的颜色虽然很多，但基本都是由3种最基本的颜色混合调配出来的，这三种颜色即：红、黄、蓝。因此，这3种颜色称为"三原色"。

2. 三原色的设计思想

这3种原色具有纯正、鲜明、强烈等明显特点，并且，这三种原色本身并不能通过使用其他颜色调出，但是它们却可以通过不同比例的搭配，调配出各种不同类型色相的色彩。

2.2.2　间色

1. 间色的定义

所谓"间色"，也被称为"第二次色"（secondary color），它是指通过任意两个原色进行混合而调配出来的色彩，如图2-1所示。

例如：把黄色和蓝色进行调配可以得到绿色，把蓝色和红色进行调配可以得到紫色，把红色与黄色等量调配可以得到橙色。在美学专业上来讲，任何由三原色等量调配而成的颜色，都可以叫作间色。当然，如果同时对3种原色进行调配，那么得到的结果按照等量的多少可能是近白色或近黑色。

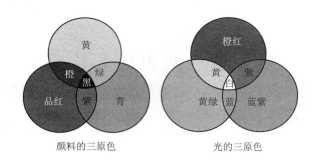

颜料的三原色　　　　　光的三原色

图 2 - 1　三原色混调出来的间色

2．间色的设计思想

在调配时，由于各原色在总体分量上所占比例的多少有所不同，结果自然也会不同，因此，把握好每种原色的比例变化，便能调配出丰富、细腻的间色来了。

在不确定原色比例时，可以在电脑上通过 RGB 色值数字的指定，精确实现色彩的调配。

2.2.3　复色

1．复色的定义

将两个间色（如橙与绿、绿与紫）或一个原色与相对应的间色（如红与绿、黄与紫）进行混合调配而获得的色彩叫作复合色，简称"复色"。

复色包含了三原色的成分，是一种色彩纯度较低的含灰色质的色彩。

2．复色的设计思想

原色、间色和复色这三类颜色有一个比较明显的特点，那就是在饱和度上呈现递减关系。也就是说，在饱和度上，通常情况下原色最高，间色次之，复色最低。所以，人们还通常把复色称为"某灰色"，比如蓝灰色、紫灰色、绿灰色等。这个特点给了色彩设计提出一个明确的提示。

2.2.4　对比色

1．对比色的定义

把每两个相邻的颜色进行衔接，就可以拼接起一个色相环来，如图 2 - 2 所示。在色相环中相隔 120 ～ 150 度的任何两种颜色，都可称为"对比色"。

根据图 2 - 2，可以说：红色和绿色是对比色；黄色和蓝色是对比色；红味紫色和红味黄色为对比色。

2．对比色的设计思想

可以用对比色实现良好的设计效果，方法是取 24 色相环上间隔 120 度左右的三色对比，如品红 - 黄 - 青、橙红 - 黄绿 - 蓝、黄橙 - 青绿 - 紫等，其视觉效果饱满华丽，让人觉得欢乐活跃，容易让人兴奋激动。

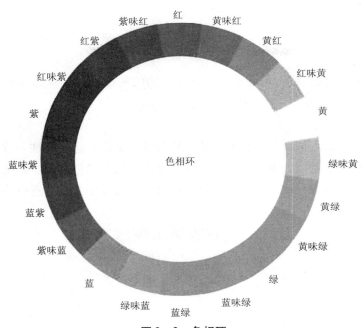

图 2-2　色相环

2.2.5　同类色

1. 同类色的定义

在同一色相中,不同倾向的系列颜色称为同类色。如黄色可分为鹅黄、柠檬黄、中黄、橘黄、杏黄、土黄等,红色可分为枣红、大红、正红、品红、枚红、粉红等,绿色可以分为墨绿、正绿、浅绿、草绿、橄榄绿等,这些都可称为同类色。

2. 同类色的设计思想

在设计网页时,如果需要用到同类色的搭配,可以通过调整亮色/明度/质感的反差,来达到某种对比效果。

2.2.6　互补色

1. 互补色的定义

色相环中相隔 180 度的颜色,称为"互补色",也叫"对冲色"。例如,红色与绿色、蓝色与橙色、黄色与紫色等,都可互称对方为自己的补色。

2. 互补色的设计思想

在光学中有种互补理论,即假如有两种色光(单色光或复色光)以适当的比例混合而能产生白色感觉时,则这两种颜色就称为"互为补色"。例如,波长为 656nm 的红色光和波长为 492nm 的青色光为互为补色光;又如,品红与绿、黄与蓝,亦即三原色中任一种原色与其余两种的混合色光都互为补色。补色相减(如颜料配色时,将两种补色颜料涂在白纸的同一点上)时,就成为黑色。补色并列时,会引起对比强烈的色觉,会让人感到红的更红,绿的更绿。如将补色的饱和度减弱,色彩即趋向调和,称为减色混合。能把白光完全反射的物体叫白体;能完全吸收照射光的物体叫黑体(绝对黑体)。

2.2.7　邻近色

1. 邻近色的定义

色相环中相距90度，或者相隔五、六个数位的两种颜色，可称为邻近色关系，如红色与黄橙色 、蓝色与黄绿色等，其属于中对比效果的色组。

2. 邻近色的设计思想

邻近色的色相彼此近似，冷暖性质一致，色调统一和谐，感情特性一致。

邻近色一般有两个范围，绿、蓝、紫的邻近色大多数在冷色范围里，红、黄、橙的邻近色在暖色范围里。根据颜色是冷色还是暖色，就可以在设计中有效地进行选择了。

2.3　色彩的基本形成方式

2.3.1　光源色

1. 光源色的定义

在人们的身边有各种不同的光源，如室内光、室外光、人造光等。它们所发射的光波的长短、强弱、比例和性质等都各有不同，从而形成了各类不同的色光，称为"光源色"。

2. 光源色的设计思想

在作设计时，光源色一般主要在物体的亮部进行呈现，从而实现设计对象良好的层次感和立体感。

2.3.2　固有色

1. 固有色的定义

在自然光线下，一个物体所呈现出的其本身的色彩称为"固有色"。

在一定的光照和周围环境变化的影响下，固有色也会产生一定的变化。

2. 固有色的设计思想

网站的设计师要特别注意固有色的体现呈度。通常情况下，固有色会在物体的灰部进行呈现。

2.3.3　环境色

1. 环境色的定义

物体周围环境的颜色由于光的反射作用所引起的物体色彩的变化称之"环境色"。物体暗部的反光部分变化比较明显。

2. 环境色的设计思想

环境色是对颜色补全和心理暗示的重要用法。一方面，通过环境色，可以很好地表现设计作品的环境背景、物品与物品间的影响与联系，二来可以通过物品间的这种联系对人们造成某种心理上的色彩暗示并让人产生思维误觉，从而让设计更加精彩。

2.4　色彩的三要素

1. 色相

色相是指色彩的相貌，是色彩最显著的特征，是不同波长的色彩被感觉的结果。光谱上的红、橙、黄、绿、青、蓝、紫就是 7 种不同的基本色相。

2. 明度

明度是指色彩的明暗、深浅程度的差别，它取决于反射光的强弱。它包括两个含义：一是指一种颜色本身的明与暗，二是指不同色相之间存在着明与暗的差别。

3. 纯度

纯度也称彩度、艳度、浓度、饱和度，是指色彩的纯净程度。

2.5　色彩的应用方法

2.5.1　色彩的调和

1. 光源色调和法

其指在明显光源色的影响下，让物体统一染上光源色所构成的色彩的调和方法。

2. 主调调和法

其指使某类物体色彩占统治成分的调和方法。

3. 中性色调和法

通常把黑、白、灰、金、银 5 种颜色为中性色。它们处于任何色彩之间，都能独立承担起各色之间的缓冲与补色平衡的作用。所以，设计师们遇到一些不协调的色彩时，往往只要在它们中间加隔一条黑线或银线等中性色的线条，便马上就能将整幅画的色彩统一起来，让它们过渡得更加自然。

2.5.2　色彩的对比关系

1. 色相对比

色相对比是因色相之间的差别形成的对比。当主色相确定后，必须考虑其他色彩与主色相是什么关系，要表现什么内容及效果等，这样才能增强其表现力。

2. 明度对比

明度对比是因明度之间的差别形成的对比，如柠檬黄明度高，蓝紫色明度低，红色和绿色属中明度。

3. 纯度对比

一种颜色与另一种更鲜艳的颜色相比时，会感觉该颜色不太鲜明，但该颜色与不鲜明的颜色相比时，则显得鲜明，这种色彩的对比便称为纯度对比。

4. 冷暖对比

由于色彩的冷暖差别而形成的色彩对比，称为冷暖对比。红、橙、黄使人感觉温暖；蓝、蓝绿、蓝紫使人感觉寒冷；绿与紫介于二者之间。另外，色彩的冷暖对比还受明度与纯度的影响，白光反射高而使人感觉冷，黑色吸收率高而使人感觉暖。

5. 补色对比

将红与绿、黄与紫、蓝与橙等具有补色关系的色彩彼此并置，使人感觉色彩更为鲜明，纯度增加，这称为补色对比。

2.6　色调的应用方法

2.6.1　色调概述

1. 色调的定义

所谓色调，是指在一幅图案中画面色彩所体现出来的总体倾向，它是一种大的色彩效果。

在大自然中，人们经常会见到这样一种场景：有不同颜色的物体或被笼罩在一片金色的阳光之中，或被笼罩在一片轻纱薄雾似的、轻蓝色的月光之中；或被秋天醉人的黄金色所笼罩；或被覆盖在冬季银白色的大雪之下。其实，在不同颜色的物体上笼罩某一种色彩，从而使不同颜色的物体都带有同一色彩倾向，这种色彩现象就是色调。

色调是画面色彩构成的总体效果。色调也是企业网站的设计师在画面设计的过程中对目标的色彩在色相、明度、纯度及面积等几个方面进行加工的基础。需要注意的是，这是在画面上进行组织、加工、调整后形成的，因此带有设计者的主观性，它并非对客观对象的简单照搬。

2. 色调的分类

色调可以从以下 4 个方面来分类：

（1）以明度来分类：亮调、灰调和暗调；

（2）以纯度来分类：鲜调、中纯度色调和灰调；

（3）以色性来分类：冷色调、暖色调和中性色调；

（4）以色相来分类：红、黄、橙、蓝、绿、紫、赭。

3. 色调对色彩的重要意义

一个好的商业网站的设计作品是否成功，设计师对色彩和色调的运用至关重要。一个拥有合适色调的网站更能获得用户的喜爱，也能使用户印象深刻，从而增加网站的长期访问量。所以，在进行各类艺术设计时必须要恰如其分地保障色调的使用，尤其是在色调表现很细腻的电脑端应用上。

2.6.2　影响色调的因素

1. 光源色

色彩是不稳定的，它会因光线的变化而变化，受光面与背光面的色彩呈现出互补色的关系，这也是阳光下的风景色彩的一个基本特点。室内自然光线下景物的色调就普遍偏向冷色，但如果在有色灯光的照射下，光源颜色的冷暖则决定了静物的冷暖。

2. 主题色彩

一个设计可能用到很多色彩，但必然要有一个主题色彩，通过主题色彩，就可以决定整个画面的色调走向。

3．主体色彩

主体色彩是决定画面色调走向的主要色彩，它可能是画面中面积最大的一块色彩，也可能是画面中纯度最高、最引人注目的一块色彩。主体色彩的主要性体现在画面其他色彩都以它为中心展开，依据主体色彩的纯度、明度调整自身的色彩，共同形成统一和谐的画面色调。

2.6.3　个人用色习惯

个人用色习惯与色彩感觉会影响色彩，设计者都有自己的习惯，画面色调的确定与个人用色习惯有直接的关系，比如梵高就喜欢用纯度较高的色彩，其反差大，可形成充满旺盛生命力的视觉效果。而有些画家则喜欢用单纯而含蓄的色彩，比如维亚尔，他喜欢用土黄、赭石、熟褐一类色相较近的色彩，追求色彩间的微差正是其色彩语言的特点。

每个人的色彩感觉有很大的差异，对色彩感觉敏锐的人来说，丰富多变的色彩从自然中拿来即可，像莫奈这样的色彩大师就具有这种与生俱来的天赋，而且难以模仿。而对于色彩感觉不太好的人或初学者，则可以通过对技术的合理运用、对色彩的理性控制使色彩关系合乎规律。

2.6.4　色调与色彩的关系

色调与色彩的关系是密不可分的。色彩的关系有序、合理，画面的色调感就强；色彩的关系凌乱无序，画面就缺少色调感。换句话说，要想获得画面的整体色调，就必须建立和谐统一的画面色彩关系，推敲用色的纯度、明度，并对色彩进行适当的归纳与概括。对现实的色彩进行归纳与概括，或者说准确把握一幅画面的整体色彩关系，是完成一幅作品的必要条件。如果在设计前就能明确表现出对象的整体色调，那么局部色彩也会随之变得明确而容易把握，色彩的整体关系就不会出现大的偏差，这时，色调就成了设计者对缤纷的自然色彩进行归纳和概括的有效手段。

1．色调中的大体色彩关系

色彩关系是指两者或者两者以上，前后、左右、上下之间或物体本身的冷暖、明度、纯度关系。

明度：前亮后灰。

纯度：前纯后灰。

冷暖：暖光下，受光部位偏暖，暗部偏冷。冷光下，受光部位偏冷，暗部偏暖。

若色相相同，便从明度、冷暖去找物体色彩之间的变化。

2．对比色调中的色彩关系应用原则

1）和谐原则

和谐原则是指色彩作品中色彩相互协调，在差异中趋向一致的视觉效果。和谐原则是构建画面氛围的重点之一。

2）对比原则

对比是一幅作品形成的基本条件，对比是一种艺术的表现手法。一幅作品的色彩在色相、纯度、明度上的差异，以及色块的大小、曲直、虚实、动静、强弱、清浊、冷暖、聚散、断续、阴阳、简繁、疏密等都是艺术的重要对比关系。恰当地运用对比手法，强化对比

效果，可以提高艺术表现力和感染力。

3）主次原则

画面色彩有主次之分，形成画面基调的色彩是主体色，比如蓝色调中大面积的色彩是蓝色，衬托色和点缀色是次要色彩，它们对画面的色调不起决定作用，但通过对比，它们能起到丰富画面的作用。

4）均衡原则

画面的均衡包括两层意思，一种是画面重量感的均衡，另一种是色彩对比上的相对稳定感。要使画面均衡、统一，一定要避免一边倒或头重脚轻的情况出现。均衡的画面是以画面的偏中心为基准，向上下，左右或对角线作重量来调整的，稳定的色彩关系使画面有舒适、优雅的视觉效果，使色彩具有美感的表现。

5）节奏原则

作品中色彩的配置富有节奏感，才能产生统一中有变化的美感。如果画面中都是比较极端的颜色，如大红、大紫，就会令人烦躁不安；若画面全是灰色就会显得消沉，没有活力。只有将纯色、中间色、灰色作合理搭配，用心经营位置，推敲用色，才能获得富有节奏感的画面效果。

3. 组织色调的方法

1）主体色配方法

主体色是形成画面色调的基本色彩，其作用是决定性的，因此主体色在画面中应是最醒目的。

2）概括归纳法

概括归纳法简单来说就是把色彩作简化处理，其不等于随意，而是对自然色彩进行符合整体特征的归纳。掌握概括归纳法的关键在于要对色彩作准确观察。在设计中，观察也是一种思考，思考的结果就是提炼出最能反映事物本质的特征色。

3）微差法

微差简单地讲就是过渡和对比微弱，不明显。微差可以营造一种和谐统一的色调感。这种微差效果的运用，需要围绕画面的中心部分展开，将画面的色彩关系向丰富的方向引导。

微差的运用涉及主体色与点缀色双方的面积对比，如果大色调已经确定，即使局部有小面积的色彩与主调形成较大反差也不会影响主色调，相反，恰当的对比会使画面色彩更具张力。

4）透底法

透底法是一种制作感较强的色调组织方法。其设计步骤是：先在整个画面薄涂一种基色，然后在基色上敷加色彩。色彩不作大面积覆盖，而是适当露出底色，形成两层或多层色彩层次感的透气效果。

2.7 网页设计时常用的色彩

1. 色彩在计算机上的表现方法

色彩在计算机上的呈现，是通过数字运算来模拟光值变化，从而形成不同的颜色。

计算机上常用的色彩表示方法有 HEX 格式方法和 RGB 格式方法。

2. HEX 格式方法介绍

HEX 格式方法，也叫十六进制颜色码表示方法。在很多软件中，都会遇到设定颜色值的问题，十六进制颜色码就是在软件中设定颜色值的代码。

3. RGB 格式方法介绍

RGB 色彩模式是工业界的一种颜色标准，是通过对红（R）、绿（G）、蓝（B）三个颜色通道的变化以及它们相互之间的叠加来得到各式各样的颜色的，RGB 即代表红、绿、蓝 3 个通道的颜色。这个标准几乎包括了人类视力所能感知的所有颜色，是目前运用最广的颜色系统之一。

目前的计算机显示器大都采用 RGB 颜色标准，在显示器端通过电子枪打屏幕上的红、绿、蓝三色发光极上来产生色彩。目前的电脑一般都能显示 32 位颜色，有 1 000 万种以上的颜色。

在电脑中，所谓 RGB 的"多少"就是指亮度，并使用整数来表示。通常情况下，RGB 各有 256 级亮度，用数字表示为从 0 ~ 255。注意：虽然数字最大是 255，但 0 也是数值之一，因此共 256 级。

4. 网页设计时常用色彩的数值表

网站上的各种色彩，是通过用数字形态来模拟三原色调配得出的。通过表 2 - 1，可以快速地索引和使用一些自然界中的常用颜色在电脑中的表示方法。

表 2 - 1　色彩在电脑中的格式转换数值

形象颜色	HEX 格式	RGB 格式	形象颜色	HEX 格式	RGB 格式
浅粉红	#FFB6C1	255，182，193	中春绿色	#00FA9A	0，250，154
粉红	#FFC0CB	255，192，203	薄荷奶油	#F5FFFA	245，255，250
猩红/深红	#DC143C	220，20，60	春绿色	#00FF7F	0，255，127
淡紫红	#FFF0F5	255，240，245	中海洋绿	#3CB371	60，179，113
弱紫罗兰红	#DB7093	219，112，147	海洋绿	#2E8B57	46，139，87
热情的粉红	#FF69B4	255，105，180	蜜瓜色	#F0FFF0	240，255，240
深粉红	#FF1493	255，20，147	淡绿色	#90EE90	144，238，144
中紫罗兰红	#C71585	199，21，133	弱绿色	#98FB98	152，251，152
兰花紫	#DA70D6	218，112，214	暗海洋绿	#8FBC8F	143，188，143
蓟	#D8BFD8	216，191，216	闪光深绿	#32CD32	50，205，50
李子紫	#DDA0DD	221，160，221	闪光绿	#00FF00	0，255，0
紫罗兰	#EE82EE	238，130，238	森林绿	#228B22	34，139，34
洋红/玫瑰红	#FF00FF	255，0，255	纯绿	#008000	0，128，0
灯笼海棠/紫红	#FF00FF	255，0，255	暗绿色	#006400	0，100，0
深洋红	#8B008B	139，0，139	查特酒绿	#7FFF00	127，255，0
紫色	#800080	128，0，128	草坪绿	#7CFC00	124，252，0

形象颜色	HEX 格式	RGB 格式	形象颜色	HEX 格式	RGB 格式
中兰花紫	#BA55D3	186，85，211	绿黄色	#ADFF2F	173，255，47
暗紫罗兰	#9400D3	148，0，211	暗橄榄绿	#556B2F	85，107，47
暗兰花紫	#9932CC	153，50，204	黄绿色	#9ACD32	154，205，50
靛青/紫蓝色	#4B0082	75，0，130	橄榄褐色	#6B8E23	107，142，35
蓝紫罗兰	#8A2BE2	138，43，226	米色/灰棕色	#F5F5DC	245，245，220
中紫色	#9370DB	147，112，219	亮菊黄	#FAFAD2	250，250，210
中板岩蓝	#7B68EE	123，104，238	象牙	#FFFFF0	255，255，240
板岩蓝	#6A5ACD	106，90，205	浅黄色	#FFFFE0	255，255，224
暗板岩蓝	#483D8B	72，61，139	纯黄	#FFFF00	255，255，0
薰衣草淡紫	#E6E6FA	230，230，250	橄榄	#808000	128，128，0
幽灵白	#F8F8FF	248，248，255	深咔叽布	#BDB76B	189，183，107
纯蓝	#0000FF	0，0，255	柠檬绸	#FFFACD	255，250，205
中蓝色	#0000CD	0，0，205	灰菊黄	#EEE8AA	238，232，170
午夜蓝	#191970	25，25，112	咔叽布	#F0E68C	240，230，140
暗蓝色	#00008B	0，0，139	金色	#FFD700	255，215，0
海军蓝	#000080	0，0，128	玉米丝色	#FFFC	255，248，220
皇家蓝/宝蓝	#4169E1	65，105，225	金菊黄	#DAA520	218，165，32
矢车菊蓝	#6495ED	100，149，237	暗金菊黄	#B8860B	184，134，11
亮钢蓝	#B0C4DE	176，196，222	花的白色	#FFFAF0	255，250，240
亮石板灰	#778899	119，136，153	旧蕾丝	#FDF5E6	253，245，230
石板灰	#708090	112，128，144	小麦色	#F5DEB3	245，222，179
道奇蓝	#1E90FF	30，144，255	鹿皮靴	#FFE4B5	255，228，181
爱丽丝蓝	#F0F8FF	240，248，255	橙色	#FFA500	255，165，0
钢蓝/铁青	#4682B4	70，130，180	番木瓜	#FFEFD5	255，239，213
亮天蓝色	#87CEFA	135，206，250	白杏仁色	#FFEBCD	255，235，205
天蓝色	#87CEEB	135，206，235	土著白	#FFDEAD	255，222，173
深天蓝	#00BFFF	0，191，255	古董白	#FAEBD7	250，235，215
亮蓝	#ADD8E6	173，216，230	茶色	#D2B48C	210，180，140
火药青	#B0E0E6	176，224，230	硬木色	#DEB887	222，184，135
军服蓝	#5F9EA0	95，158，160	陶坯黄	#FFE4C4	255，228，196
蔚蓝色	#F0FFFF	240，255，255	深橙色	#FF8C00	255，140，0
淡青色	#E0FFFF	224，255，255	亚麻布	#FAF0E6	250，240，230

续表

形象颜色	HEX 格式	RGB 格式	形象颜色	HEX 格式	RGB 格式
弱绿宝石	#AFEEEE	175，238，238	秘鲁	#CD853F	205，133，63
青色	#00FFFF	0，255，255	桃肉色	#FFDAB9	255，218，185
水色	#00FFFF	0，255，255	沙棕色	#F4A460	244，164，96
暗绿宝石	#00CED1	0，206，209	巧克力	#D2691E	210，105，30
暗石板灰	#2F4F4F	47，79，79	马鞍棕色	#8B4513	139，69，19
暗青色	#008B8B	0，139，139	海贝壳	#FFF5EE	255，245，238
水鸭色	#008080	0，128，128	黄土赭色	#A0522D	160，82，45
中绿宝石	#48D1CC	72，209，204	浅鲑鱼肉色	#FFA07A	255，160，122
浅海洋绿	#20B2AA	32，178，170	珊瑚	#FF7F50	255，127，80
绿宝石	#40E0D0	64，224，208	橙红色	#FF4500	255，69，0
宝石碧绿	#7FFFD4	127，255，212	深鲜肉/鲑鱼色	#E9967A	233，150，122
中宝石碧绿	#66CDAA	102，205，170	番茄红	#FF6347	255，99，71

第3章 网页设计与制作方法

3.1 网站的整体建设步骤

网站建设，尤其是商务公司的网站建设，是一个缜密的工作过程，不能简单为之。

1. 第一步：进行市场调研

在网站建设之前，必须明白所要建设的网站适用于什么样的平台，受众群体都是什么样子的，所以应该进行市场调研。其包括：

（1）各相关行业的市场有多大？它们具有什么样的特点？是否适合在互联网上进行产品宣传或开展各项业务功能？

（2）具体的网站基础情况是什么样的？分析本公司内部信息化设备条件、公司运营概况、发展优势，明确哪些功能可以通过网站或网上系统来开展，在网站的建设过程中，可能需要哪些人员、条件以及需要多少费用。

2. 第二步：完成需求分析

在网站功能建设之前，先对需求进行分析、汇总、整理，并总结同具体的功能模块。主要内容包括：

（1）确定企业建设网站的主要目的。是为了更多地对外展示企业的形象，还是为了宣传企业的主打产品？抑或为了进行各类在线电子商务业务？

（2）确定网站规模。是简洁的企业黄页，还是完整的公司网上平台？抑或提早建立行业性网站，引领行业规范？

（3）进行归纳需求分析，总结网站功能。在这一环节，要切实根据企业的自身业务需要和下一步的发展计划，明确企业网站的具体功能，而不应该一味贪大求全。

（4）根据企业内部的信息化情况、技术人员队伍建设情况，有选择地扩展建设企业的内部工作网络（Intranet）。

3. 第三步：确定网站基本架构

（1）确定网站的运行模式。是做静态网站还是动态网站？

（2）确定网站的运动机制。网站运行是 B/S 模式还是 C/S 模式？

（3）确定网站的集成性。是选择独立网站？还是单独网页？抑或网站群？

4. 第四步：确定网站的具体内容和实现方式

首先，根据网站目的确定网站结构。

网站的结构是一个网站的组成单元的展示，也是网站版块导航的基本归纳来源。常见的企业型网站都会包括如下功能内容："公司简介""组织机构""新闻热点""产品宣传""客户服务""成功案例""联系我们""互动交流"等。此外，有的企业网站还会加上一些其他内容，诸如"常见问题""友情链接""下属机构""人才招聘""企业 BBS""英/日/韩文版"等。个人型的网站则多以小型博客和论坛居多。此时，功能版块的设置通常由网站所有者的个人喜好而定。

其次，根据网站的使用目的来确定网站的应用整合功能。

这些应用功能，一般具有明确的针对性和切实的使用性，属于网站的集成功能模块或子系统，可以有选择性地添加，诸如"网站会员系统""Flash 功能索引""网上购物系统""在线支付系统""调查问卷系统""投票系统""人事考勤系统""网站信息搜索查询系统""广告发布系统""用户访问统计系统"等。

最后，进一步细致规划网站的子频道、子栏目的内容。

一个成熟的网站，往往内容翔实而又有条理，所以，网站不仅要有主页和导航模块，可能还有子频道，或二级栏目、三级栏目等。例如：在企业网站的"公司介绍"栏目中可以再分别下设"总经理致词""单位简介""企业大事记""企业文化""企业优势""所获荣誉""研发实力""工作团队"等；客户服务栏目可以包括："服务内容""服务网点""在线咨询""服务热线""服务宗旨""服务分类""服务收费"等；"联系我们"栏目中可以下设"电话热线""即时通信""网络留言""通信地址"等。

5. 第五步：评估费用预算

（1）首先，在企业内部研讨建站的初步预算。

不同层级、不同功能的网站的建设费用差别很大，根据企业网站的规模、建设目的、网站功能的多少、页面的多少、所采用的技术的不同来确定。

（2）其次，寻找专业建站公司根据网站的功能和设计方案估算价格，企业进行性价比研究。

（3）最后，进行预算的评定与划拨。网站的价格从几千元到十几万元不等。如果排除模板式自助建站（企业的网站无论大小，必须有排他性，千篇一律对企业形象的影响极大）和牟取暴利的因素，网站建设的费用一般与功能要求是成正比的。

6. 第六步：编写网站的各类技术文档和工作方案

根据网站的功能确定网站建设方案，并编写各类技术文档。

（1）如何搭理服务环境？是自行购买服务器，还是租用虚拟主机？分析各品牌产品的特性并进行优劣比较。

（2）选择合适的操作系统。是用 Windows 2000/NT，还是 UNIX，Linux？是用国外大品牌，还是用国产品牌？充分考虑企业的资金预算、功能需求、开发要求、运行稳定性和企业信息内容的安全性等。

（3）决定企业网站的建设模式。是采用通用模板快速自助建站，还是购买服务，选择各信息技术公司提供的建站套餐？抑或自行招聘技术人才进行个性化功能建设？

（4）确定网站的安全防护措施，诸如防黑客攻击措施、防信息泄露措施、防病毒感染措施、数据备份方案、容灾防护措施等。

（5）确定使用什么样的程序语言及相应数据库来完成网站的建设工作。采用 HTML 还是 HTML5？程序语语选用 ASP、ASP. NET、JSP、PHP 还是其他语言？数据库产品是使用MS Access、MS SQL Server、Oracle、MySQL，还是 DB2 或其他数据库产品？

7. 第七步：进行网站的页面美工设计工作

（1）网页设计中的美术设计要求。网页美术设计一般要求在感观上与企业的特质及对外宣传形象保持一致，并且要符合企业的 CI 规范。网页版面设计师在设计时要根据功能来划分版面区域，充分考量网页的整体色系，合理进行图片的编辑与应用，保持网页的美观性、适用性与一致性。

（2）在网站设计技术的选用上不能一味只从性能优劣或技术出现早晚上考虑，还要充分考虑网站的主要用户群体的分布地域、年龄阶层、网络速度、阅读习惯等，进行综合选择。

（3）提前拟订网站的定期改版计划，如日常做好页面图片和内容的维护，然后每 1～2 年进行一次较大规模的改版等。

8. 第八步：开展静态页面的制作

（1）选用合适的网页设计工具。常见的网页设计工具包括：

①Webstorm 被前端开发者视为 JS 开发神器，可编辑、调试 HTML、CSS、JS 等，也可以作为可视化工具，监控网站系统的运行情况，因此受到网站开发工作者的青睐。

②Dreamweaver，是编辑 HTML、ASP、JSP、PHP 和 JavaScript 时的辅助工具。

③Frontpage 跟 Dreamweaver 一样，还有微软出品的 VisualStudio 及 Expression Studio Web 等。

④Flash 是网页需要画面流动时的首选择。

⑤Photoshop 图像处理软件。一般网页都需要有图片搭配，Photoshop 是款很强大的工具。Fireworks 跟 Photoshop 一样，都是图像处理软件，但 Fireworks 偏重于对网页的处理。

⑥Adobe 公司推出的 CS3 系列，软件之间的兼容性较好。可以用此系列软件对网站的美工特效进行进一步的修饰美化和优化。

（2）根据网站的页面设计，开始逐步分切、架构网站。

（3）网站静态页面的制作要符合技术方案的目标要求。

（4）网站静态页面的制作要为动态代码的填写预留出有效空间。

（5）对于一些构架重复的网页，可以考虑使用网页库文件（Library）或模板（Templet）来加快页面的建设速度。

9. 第九步：进行网站程序代码的编写

如果企业采用的是动态网站建设模式，那么，在完成静态页面的制作后，还要在页面的代码页中插入高级程序语言代码。主要工作包括：

（1）完成数据库表的建设；

（2）进行程序代码的分部门、分角色、分页面编写；

（3）进行代码的整合；

（4）进行页面代码的功能检查。

10. 第十步：网站的发布前测试

为保证网站运行的健壮性和网站功能的稳定性，网站文件在正式放到互联网上发布前必须要进行各类细致、周密的功能测试、安全测试和压力测试，以保证用户正常浏览和使用。主要测试内容如下：

（1）网站的文字、图片和媒体信息是否有错误。

（2）程序代码是否完成所编写功能，有无漏洞（bug）出现。

（3）数据库连接是否正常，有无空数据读取等。

（4）网页的超文本链接是否能正常单击，有无空链接或死链接。

（5）测试网站在各种不同厂商、版本的浏览器中的兼容性和稳定性等。

11．第十一步：网站的发布与推广

网站建设好后，只是存在于工程师电脑上的一批文件。如果想在互联网上让网民们自由访问网站，必须进行发布。其主要工作包括：

（1）申请合适的网站主机空间；

（2）注册一个合适的网站域名；

（3）将域名与主机空间进行绑定，解析 DNS；

（4）通过 LeapFTP 等各类 FTP 上传工具将网页文件上传到网络服务器上；

（5）设定默认访问页面和权限，进行访问测试。

12．第十二步：网站的维护

如果要维护网站的生命力，就必须对其进行长期的维护工作。维护工作主要包括：

（1）硬件维护。通过对服务器及相关软、硬件的检查和更新，对可能出现的问题进行评估，制定响应时间。

（2）数据库维护。有效地利用数据是网站维护的重要内容，因此数据库的维护应受到重视。

（3）网站信息维护。网站编辑通过特定权限的管理员账号登录网站的后台管理系统（CMS），进行网站各频道、栏目信息的增加、编辑、删除、移动等操作。

（4）网站安全维护。系统管理人员定期检查网站有无安全漏洞，及时重启当机服务等。

（5）管理制度建设。一个正规的大型网站，往往会制定完善的网站维护规定文件，通过程序化的操作，将网站维护制度化、规范化。

3.2　网页设计

3.2.1　网页设计的定义

网站的建设，首先要满足人们的审美需求以及操作便捷性方面的需求，所以，网页设计是网站建设的重要前期工作。

所谓网页设计，主要是通过 Photoshop 等图片处理软件，进行色彩渲染、图案素材处理、布局设计、概念透析、信息添加、美术加工等一系列操作，将网页在浏览器中的运行界面加工成一个图片模板的过程。

本书主要讲解商业网站的设计过程。

3.2.2　网页设计的注意要点

（1）设计网页时，设计理念必须紧密结合企业的建站目标。

企业网站的主要作用是更好地展现企业形象、对外宣传企业产品和各类商业服务、展现企业的特性和各类长期发展规划，所以，在制作网站之前，网页设计师必须了解设计站点的目的和网站用户的客观需求，这样才有可能做出适用的网站设计方案。

企业网站的设计固然需要大量的美术技能，但企业网站和美术作品是截然不同的两回事。后者偏向于艺术审美，前者则偏向于功能实用。前者不怕曲高和寡，后者必须能为普通网络用户所接受。一般情况下，企业网站的设计师都必须综合考虑企业自身的品质、客户群体的特性、行业的分类等情况，它们是进行网页设计的重要影响因素。在色彩选拟、概念设计、布局规划等阶段都需以"客户"为中心，而不是以"美术"为中心来进行规划和设计。

在设计的过程中，网页设计师必须从以下几个方面进行考虑：

①企业建设网站的商业目标是什么？

②企业主要为谁提供服务和产品？

③企业能提供什么样的产品和服务？

④企业网站的目标客户群体有什么样的特点和期望？

⑤在互联网平台上，企业的产品和商业服务适合以什么样的表现方式进行展现？

⑥结合企业特性和企业文化，企业网站应该具备什么样的风格？

（2）设计网页时，拟建设企业网站必须有鲜明的主题。

网站的主题，主要指网站在发布运行中所展现出来的最主要的意愿。

在充分明确网站的建设目标后，网页设计师就可根据企业的技术方案，进行网站的构思创意，拟定网站的美工设计方案。

在美工设计方案中，必须很明确地对网站的整体风格和视觉特色进行定位，规划网站的组织结构和主要功能，充分展现网站页面的主题。

一般而言，网站在内容发布时会根据用户受众群体的不同而采取出不同的表现形式。

对于查询索引黄页类的用户，有些企业网站只需在页面中提供简单的文本信息就足够了。对于想更好地了解企业产品和服务的用户，企业网站需要更好、更全面地展现内容，网站会加入大量的精彩图像，甚至一些影音视频等多媒体内容和 Flash 动画，结合精心的页面布局，甚至可以提供下载和在线提交等技术手段，更好地展现企业的内容和主题。

为了使网站主题突出、要点明确，网页设计师需要按照企业客户的具体要求，以准确、清晰的文字和画面辅助体现网站的主题；利用一切技术和美术手法来体现网站的独特个性，从而制作出一个与众不同的商业网站。

此外，在页面的一些重要位置如页头（Web header）处，要清晰地标识出网站的名称、网址、logo、企业的 VI 标志等信息。在页脚（Web footet）处，要清晰地标识出网站的版权信息（声明版权、所有者等）。

（3）设计网页时，必须进行美观大方的页面版式设计。

网页设计，实际上是在完成一种视觉作业。为获得更好的视觉效果，网页设计师总是非常注重板块编排和页面的布局设计工作。虽然网页设计不能简单地等同于街头广告、海报等平面设计，但二者之间仍然有很多类似之处，如二者都需要通过良好的版式设计，对文字和图形进行空间组合，从而表现出一种为客户所接受和喜爱的美感与舒适感。

很多企业网站是由多个不同功能或内容的页面组成的。对于这些不同的网站页面，在设计时，既要体现出不同页面的区别，也要使其具备统一的艺术风格。这就要求网页设计师在进行编排设计时充分反映出各页面间的有机联系，特别要求处理好页面之间和页面内的秩序与内容的关系。有时为了让页面获得一种最佳的视觉表现效果，网页设计师需要反复推敲整体布局的合理性，保证网站用户能有一种舒适的视觉体验。

（4）设计网页时，必须合理运用各类不同的色彩。

色彩是人们感知事物的重要凭据之一，是进行设计时的重要艺术表现要素。设计网页时，必须要注意以下色彩运用原则：

①在企业网站的设计过程中，网页设计师首先必须根据企业的特点、服务的内容来确定网站的主色系。例如信息科技类企业（图3-1）往往选择蓝色或灰色作为主色系，因为蓝色代表睿智和冷静，而灰色容易勾勒出一种时尚感。

 扶持领域　小鸟云产品本富并覆盖各个行业，满足您广泛的需求

| 网站应用 | APP应用 | 游戏应用 | 视频应用 | 存储应用 | 计算应用 | 办公应用 |

 扶持产品　小鸟云优质的产品助您在成功的路上走得更加轻松

图3-1　信息服务提供商"小鸟云"的网站

②根据页面的内容，对不同的色彩进行组合搭配，保证和谐、均衡和重点突出的原则，以组织构成美丽的页面。根据色彩对人们心理的影响，合理地运用色彩。

③如果企业有自己的 CIS（企业形象识别系统），为保证形象一致性，网页设计师最好将按照其中的标准 VI 色系进行色彩的拓展设计。

（5）设计网页时，要将形式和内容进行有机的统计。

为了将丰富的意义和多样的形式组织成统一的页面，形式语言必须符合页面的内容，体现内容的丰富含义。

灵活运用对比与调和、对称与平衡、节奏与韵律以及留白等手段，通过空间、文字、图形之间的相互关系建立整体的均衡状态，产生和谐的美感。

（6）设计网页时，需要充分利用各类元素。

①三维空间的构成。

网络上的三维空间是一个假想空间，这种空间关系需借助动静变化、图像的比例关系等空间因素表现出来。在页面中，图片、文字位置前后叠压，或页面位置变化所产生的视觉效果都各不相同。通过图片、文字前后叠压所构成的空间层次不太适合网页设计，根据现有浏览器的特点，网页设计适合比较规范、简明的页面，尽管这种叠压排列能产生强节奏的空间层次，视觉效果强烈。网页上常见的是页面上、下、左、右、中位置所产生的空间关系，以及疏密的位置关系所产生的空间层次，这两种位置关系所产生的空间层次富有弹性，同时也让人产生轻松或紧迫的心理感受。

②虚拟现实。

人们已不满足于用 HTML 语言编制的二维 Web 页面，三维世界开始吸引更多的人，虚拟现实要在网上展示其迷人的风采，于是 VRML 语言出现了。VRML 是一种面向对象的语言，它类似 Web 超级链接所使用的 HTML 语言，也是一种基于文本的语言，并可以运行在多种平台之上，只不过它能够更多地为虚拟现实环境服务。

③多媒体。

网络资源的优势之一是其具有多媒体功能。要吸引浏览者的注意力，网页的内容可以用三维动画、Flash 等来表现，但由于网络宽带的限制，在使用多媒体的形式表现网页的内容时不得不考虑客户端的传输速度。

（7）网计设计作品需具备的特点如下：

①要便于使用。

如果人们看不懂或很难看懂网站，那么，他们如何了解企业信息和服务项目呢？因此应使用醒目的标题或文字来突出企业的产品与服务。

②要导向清晰。

网页设计中导航使用超文本链接或图片链接，使人们能够在网站上自由前进或后退，而不必使用浏览器上的前进或后退功能。在所有的图片上使用"ALT"标识符注明图片名称或解释，以便那些不愿意自动加载图片的观众能够了解图片的含义。

③要有较短的下载时间。

很多浏览者不会进入需要等待 5 分钟才能进入的网站，在互联网上 30 秒的等待时间与平常生活中 10 分钟的等待时间给人的感觉相同。因此，建议在网页设计中尽量避免使用过多的图片及体积过大的图片。设计师通常会与客户合作，将主要页面的容量控制在 50KB 以内，平均 30KB 左右，以确保普通浏览者的页面等待时间不超过 10 秒。

3.2.3 网页设计的常用工具

1. 图片管理软件 ACDSee

ACDSee 是非常流行的看图工具之一。它提供了良好的操作界面、人性化的操作方式、优质的快速图形解码方式、支持丰富的图形格式，具有强大的图形文件管理功能。

1）功能支持

（1）读取支持。

①ANI：Windows 光标动画。

②ART：AOL ART 静态图像。

③BMP：Windows 位图。

④CUR：Windows 光标。

⑤DCX：多页 PCX，支持所有子类型及多页。

⑥DJV：DjVu。

⑦EMF：增强型元文件格式，Win32 增强型可定位元文件。

⑧EPS：仅显示嵌入的缩略图（TIFF 格式）。

⑨FPX：FlashPix，多重分辨率支持。

⑩GIF：可交换的图像文件格式单页和动画。

⑪ICN：AT&T ICN。

⑫ICO：Windows 图标，分页显示多重分辨率。

⑬IFF：EA／Amiga，可交换文件格式（1～24 bpp），包括 HAM 和 HAM8，不支持多页和动画。

⑭JPG：JPEG JFIF JFIF 和 Adobe CMYK。

⑮KDC：Kodak KDC，读取整个图像和嵌入的缩略图。

⑯MAG：支持所有子类型。

⑰PBM：可移植的位图。

⑱PCD：Kodak PhotoCD，分辨率最高为 3 072 ×2 048（16BASE）。

⑲PCX：ZSoft 发布的程序画笔，支持所有子类型。

⑳PGM：可移植的 GrayMap。

㉑PIC：SoftImage PIC，支持所有子类型。

㉒PCT：Macintosh PICT。

㉓PIX：Alias PIX（24 bpp）。

㉔PNG：可移植的网络图像，支持所有子类型。

㉕PPM：可移植的 PixMap。

㉖PSD：Adobe PhotoShop 文档，RGB、灰度、双色、带调色板和二值 Lab 颜色仅解释为灰度。

㉗PSP：Paint Shop Pro 版本 5 和版本 6。

㉘RAS：Sun Raster 未压缩和 RLE 压缩。

㉙RSB：红色风暴图像格式，支持所有子类型。

㉚SGI：SGI 图像格式（8 ～32 bpp）；无颜色映射；RLE 或未压缩。

㉛TGA：Targa TGA，支持所有子类型。

㉜TIFF：标记图像文件格式，每次取样为 1/2/4/8/12/16 位，每个像素取样 1～4 次，支持多页文档。

㉝WMF：Windows 元文件格式，Win 3. x 可定位元文件。

㉞XBM：X 位图。

㉟XPM：X PixMap。

（2）写入支持。

①BMP：Windows 位图。

②GIF：可交换的图像文件格式。

③JPEG。

④PCX：ZSoft 发布的程序画笔，RLE 未压缩。

⑤PNG：可移植的网络图像。

⑥RSB：红色风暴图像格式，支持所有子类型。

⑦TGA。

⑧TIFF：标记图像文件格式。

（3）存档格式支持。

①LHA；

②ZIP；

③AVI；

④MID；

⑤MOV；

⑥MP3；

⑦MPG；

⑧WAV。

2. 版本介绍

ACDSee 共分为两个版本——普通版和专业版，普通版面向一般客户，能够满足一般人对相片和图像进行查看和编辑的要求，而专业版则是面向摄影师的，各方面功能都有很大增强。普通版最新的简体中文版为 ACDSee 15 ，专业版最新的简体中文版是 ACDSee Pro 6。

软件大小：90.5MB；

软件语言：简体中文；

软件授权：收费软件；

文件类别：图片浏览；

运行环境：Windows8/Windows7/Vista/WindowsXP/Windows2000/WindowsNT/Windows9X。

3）系统要求

要使用 ACDSee 浏览图像、播放视频或音频，系统必须包含以下组件：

（1）硬件：

①英特尔奔腾Ⅲ/AMD Athlon 或同级处理器（建议使用英特尔奔腾 4/AMD Athlon XP 或同级处理器）；

②512 MB RAM（建议使用 1 GB RAM）；

③250 MB 空闲硬盘空间（建议留出 1 GB 硬盘空间）；

④分辨率为 1024×768 的高彩色显示适配器（建议使用分辨率为 1 280×1 024 的显示器）；

⑤CD/DVD 刻录机（用于创建 CD 与 DVD）。

（2）软件：

①Microsoft Windows XP 家庭版或专业版操作系统（安装有 Service Pack 2）、Windows Vista 或 Windows 7；

②Microsoft Internet Explorer 7.0 或更高版本。

注意：不同版本的 ACDSee 对系统的要求可能略有不同。

4）操作技艺

（1）文件管理操作。

ACDSee 提供了简单的文件管理功能，用它可以进行文件的复制、移动和重命名等操作，使用时只需选择"Edit"菜单上的命令或单击工具栏上的命令按钮即可打开相应的对话框，根据对话框进行操作即可。还可以为文件添加简单的说明，为文件添加说明的方法是：先在文件列表窗口中选择要添加说明的文件，然后单击"Edit"菜单中的"Describe"命令，这时打开"Edit Description"对话框，在对话框中输入该文件说明后单击"OK"按钮即可，下次将鼠标停在该文件上不动时，ACDSee 就会显示该说明。

（2）文件批量更名。

这是与扫描图片并顺序命名配合使用的一个功能，它的使用方法是：选中"Browses"窗口内需要批量更名的所有文件，单击文件列表中的项目名称，使其按文件名、大小、日期等规律排列。再单击"Tools"菜单下的"Rename series"命令，打开相应对话框。在"Template"框内按"前缀#. 扩展名"的格式填入文件名模板，其中通配符"#"的个数由数字序号的位数决定。另在"Start at"框内选择起始序号（如"1"），单击"OK"按钮后所选文件的名称全部被更改为模板指定的形式。

（3）图片文件重设关联。

在 Windows 下，关联程序并不难，但是有时候安装了新的图形图像软件后，某些图像格式的文件就可能不再与 ACDSee 相关联了，这样每次双击图形文件时就不再是用 ACDSee 打开的了，非常麻烦。这时候只要启动一次 ACDSee，并选中其中的某一格式的图片文件，单击"Tools"菜单下的"Shell"命令，此时会弹出子菜单，选择"Open With"，打开"Open With"窗口，选中需要关联的程序，并选中"Always use this program to Open this type of file"选项，以后该格式的文件就与选中的程序关联了。如果要将所有的图片格式与 ACDSee 相关联，则进入 ACDSee 的设置窗口（在"Tools"菜单下选择"File Associations"），选择需要与ACDSee 相关联的格式即可，也可以选择"Select All"将所有的图片与 ACDSee 相关联，最后再点击"OK"按钮即可。

（4）为图片添加注释。

计算机里一般都存放了许多图片，时间一长，别说文件名，就连它是干什么用的都不知道了，这时候就需要对它们进行管理，以提高效率。选中一个图片文件，然后单击鼠标右键，选择"Properties"命令，打开相应窗口，在里面写上注释的内容和关键字，以后就可以通过 ACDSee 的查询功能快速地找到所需要的图片了。

（5）更改文件日期。

在 Windows 下更改文件的日期是很困难的事情，尤其是批量更改文件日期，而用 ACD-See 就能够解决这个问题，具体的方法是：首先将系统日期调整到相应的值，再选中欲更改日期的文件，最后单击"Tools"菜单下的"Change timestamps"，在对话框中选择"Current date&time"，并按"OK"按钮即可。在 ACDSee 中默认的是只显示图形文件，如果想更改文件夹下的其他文件，只需要设置相应的选项，显示所有文件即可。

（6）浏览图片。

①方法一：用全屏幕查看图片。

在全屏幕状态下，查看窗口的边框、菜单栏、工具条、状态栏等均被隐藏起来以腾出最大的桌面空间，用于显示图片，这对于查看较大的图片是十分重要的功能。使用 ACDSee 实现全屏幕查看图片的过程也很简单。首先将图片置于查看状态，而后按"Ctrl + F"组合键，这时工具条就被隐藏起来了，再按一次"Ctrl + F"组合键，即可恢复到正常显示状态。另外，利用鼠标也可以实现全屏幕查看，先将光标置于查看窗口中，而后单击鼠标中键，即可在全屏幕和正常显示状态之间来回切换。如果使用的是双键鼠标，则将光标置于查看窗口中，然后在按住左键的同时单击右键，也能够实现全屏幕和正常查看状态的切换。

②方法二：用固定比例浏览图片。

有时候，图片文件比较大，全屏幕也显示不完全，而有时候所要查看的图片又比较小，以原先的大小观看会不清楚，这时候就必须使用 ACDSee 的放大和缩小显示图片的功能，其操作起来非常简单，只要在浏览状态下，单击相关工具栏上的按钮即可。但是一旦切换到下一张图片时，ACDSee 仍然默认以原大小显示图片，这时候又必须重新点击放大或缩小按钮，非常麻烦。其实，在 ACDSee 软件中有一个 ZoomLock 开关，只要在浏览文件时将画面调整至合适大小，再用鼠标右键单击画面，选中"Zoom Lock"选项，当按"下一张"按钮浏览下一张图片时就会以固定的比例浏览图片，从而减少了再次放大和缩小调整图片的麻烦，非常方便。

（7）用图像增强器美化图像。

在处理图像时，首先通过"Tools"菜单下的"Photo Enhance"命令，来打开图像处理窗口；在该窗口的工具栏中选择需要的工具，如色彩调整，程序将打开一个调整窗口，窗口中有两个对比图，拖动窗口中的滑条，即可调整图像的色彩；如果选择"Filter"菜单，程序将打开优化过滤窗口，该窗口中有一个"Despeckle"工具，这个工具能够改善某些压缩格式的图像质量，从而获得令人比较满意的效果。

（8）制作屏幕保护程序。

巧妙地利用 ACDSee 的连续播放功能可以将图片制作为屏幕保护程序：

首先选择"Tools"菜单下的"Options"命令，打开相应窗口，并选择"Slide Show"标签，将延迟时间由默认的 5 000 毫秒（即 5 秒）改为需要的值，一般要改得小一些，这样图片显示就快一些，然后双击图片文件，并点下工具栏上的演示按钮，就可以慢慢地欣赏喜爱的图片了。

（9）制作 HTML 网页相册。

ACDSee 的 HTML 相册功能是用插件实现的。它的使用方法是：单击"Plug-ins"菜单下的"HTML Album Generator"命令，打开"HTML Album Generator"对话框。单击"Settings"按钮对相片缩略图的格式进行调整，其中包括图片质量、压缩比等。"Page settings"项用来设置 HTML 相册中每个页面显示的缩略图的行/列数；单击右边的按钮可以打开"Page Properties"对话框，其用来设置页面的背景色、文本颜色、下划线颜色等；在"Title"对话框中输入相册的标题（必须）。最后，用"Folder"框来设置相册所在的路径，下面的 3 个单选项，用来设置创建文件时处理同名文件的方式，分别是"覆盖""不覆盖"和"询问"，选中下面的两个复选项可将源文件复制到目标文件夹中相册建立完成后调用浏览器就可以打开它。以上设置完成后单击"OK"按钮，就可以将 HTML 相册建好并浏览。利用这一功能还可以将普通图片制作成适合网页使用的缩略图。

（10）制作文件清单。

许多文件管理工具都没有文件清单打印功能，这给文件管理带来了困难。利用 ACDSee 可以轻松制作文件清单，具体做法是：在"Browses"窗口内选中需要制作清单的文件夹，然后打开"View"菜单中的"Arrange Icons"子菜单，根据需要选择按何种方式（按大小、类型、日期等）排列文件，再单击"Tools"菜单下的"Generate Files Listing"命令，即可将当前目录下的文件清单放入文本文件，只要将其存盘就可以打印或长期保存。

（11）制作缩印图片。

ACDSee 允许将多页的文档打在一张纸上，形成缩印的效果。ACDSee 也允许将同一文件夹下的多张图片缩印在一张纸上。具体的方法如下：

首先选中要进行缩印的图片文件（可以多选），然后单击鼠标右键，选择"Print"（或"File"菜单下的"Print"命令），此时 ACDSee 会弹出打印对话框，点下"确定"按钮，由于使用的是 ACDSee 的缺省设置，所以这时候又会弹出打印设置框，请在"Size"的下拉框中选择"Thumbnails"，当然还可以设置其他相关选项，如保持纵横比、每张图的宽度和高度、纸张的大小等，如果觉得下次重新进行设置太麻烦的话，也可以点下"Save Settings"按钮，将当前设置保存为默认设置。最后要做的事就是点下"OK"按钮，再接通打印机打印。

（12）为图像文件解压。

图像文件有若干种格式，其中大部分格式都会对图像进行不同方式的压缩处理，也就是说在使用某种格式来保存图像时，会对图像进行自动压缩。压缩了的图像文件在传送和存储时固然有它的好处，但是有些软件不能识别这些压缩的图像。新版本的 ACDSee 软件具有恢复被压缩的图像的功能，可以在该软件的菜单栏中依次单击"File"/"Save as"命令，在弹出的保存对话框中，将保存类型设置为 TIFF 格式，然后在"Options"选项中，将"Compress"（压缩方式）设置为"None"，就可以恢复被压缩的图像了。

（13）为扫描图片顺序命名。

ACDSee 增加了调用 TWAIN 标准扫描仪的功能，可以直接在"Browses"窗口中扫描图片并按顺序命名，用它作扫描仪的"搭档"非常合适。其操作方法是：在"Browses"窗口的右窗格选中存放图片的文件夹，单击工具栏中的"Acquire"按钮（或"File"菜单下的对应命令），即可打开"Acquire setup"对话框。其中"TWAIN source"下列出了本机安装的扫描仪及其扫描界面的型号。打开"Format"下拉列表可以选择扫描输出的文件格式，对于 JPG 等压缩格式，还可以单击"Options"按钮打开相应对话框，设置压缩比之类的参数。"Filename template"框用于输入图片名模板，它由任意字符和表示数字的通配符"#"构成。例如要扫描输出图 1 ~ 图 16 共 16 个文件，可在"Filename template"框中输入"图##"，其中"#"的个数由数字位数决定。如果文件数目达到了两位数，就应填入两个"#"（依此类推）。以上设置完成后单击"OK"按钮，即可调用扫描界面进行扫描，结束后即可输出模板指定的文件，后续输出的文件均会按顺序命名。

（14）转换图片格式。

ACDSee 可以成批转换图片格式，转换方法是：选中"Browses"窗口内需要转换格式的图片，单击"Tools"菜单下的"Convert"命令，弹出图片格式转换对话框。可以在"Format"框内选中要转换的图片格式，对于 JPG 等格式，可以单击"Format settings"按钮设置压缩率等参数。"To folder"框显示转换后的图片保存位置，可以单击"Browse"按钮选择其他文件夹。右下角的"Overwrite existing"下拉列表用来设定"To folder"文件夹有同名文件时的覆盖方式，可选择"Ask"进行询问，选择"Rename"自动更名，选择"Skip"跳过，选择"Replace"替换，若选中右边的复选项可移去或替换原有的文件。

①转换动态光标文件为标准 AVI 文件。

ACDSee 支持许多格式的媒体文件，包括对 CUR（鼠标文件）、ICO（图标文件），甚至 ANI（动态光标文件）的支持，只要打开文件夹，其中的这些文件均会被显示出来。这时候，可以双击 ANI 文件切换到浏览窗口，这时候的 ANI 文件就会被重复播放，在许多多媒体软件中，都只能够把 ANI 文件当作动态光标来使用，而有时候需要把它当作一般的动画文件来使用，这时候可以先切换至浏览模式，再用屏幕抓取软件，如 Lotus Screen Camera、HyperCam 等把它抓下来，存为 AVI 格式文件以使其被多媒体软件使用。对于 GIF 文件也可以采用类似的方法。

②转换 ICO 文件为图片文件。

ICO、CUR 分别为图标文件和光标文件，在一般情况下，它们只能够以图标文件和光标文件被引入多媒体程序中，如果要把它们当作位图资源来使用就必须打开相应的软件，通过"拷贝"和"粘贴"命令来实现转换，非常麻烦。在 ACDSee 中已经内置了 ICO 和 CUR 文件的查看器，并支持将它们转换为标准的位图文件。具体的方法是：在进入 ACDSee 窗口后，选中欲转换的 ICO 和 CUR 文件（可多选），并单击鼠标右键，选择"Convert"，选择存盘位置和格式即可，而且 ACDSee 还支持批量转换，使用起来更加方便。

③转换图形文件的位置。

在文件列表窗口中选择需要复制或移动的所有文件，然后单击界面按钮条中的"Copy to"或"Move to"按钮（由于复制和移动的界面是一样的，在此以复制为例说明），程序会给出设置界面。在界面中的"Destination Directory"文本框中输入复制文件的目的路径，然后单击"OK"按钮确定即可。此外，在该界面中也提供了目的路径下存在与复制文件同名文件时的处理方式设置，程序默认给出对比窗口，由用户决定。当使用该设置并在复制过程中出现同名文件时，程序会给出提示界面。此时可根据自己的需要选择相应的操作方式，如替换、换名保存等。

④转换 EXE、DLL 文件中的 ICO 资源。

通过 ACDSee 能够将 EXE、DLL 文件中的 ICO 资源转换出来利用，具体方法如下：

a. 启动 ACDSee，单击"Plug-Ins"下的"Settings"，打开相应对话框，以这里可以设置 ACDSee 的插件功能，使之能够显示 EXE、DLL 文件中的 ICO 资源，从而把它们抠取出来。

b. 选中其中的"ID_ICO. apl"项目，打开设置框，选中"Show icons in . EXE files"和"Show icons in . DLL files"两项，表示让 ACDSee 显示 EXE、DLL 文件中的 ICO 资源，接着进入任一文件夹，选中其中的 EXE 或 DLL 文件，它的第一个 ICO 资源就会显示在图片区内。

c. 如果需要看下一个资源，双击这个 EXE 或 DLL 文件，这时会打开一个标准的浏览窗口，单击"下一个"或"上一个"按钮就可以看到其中的所有 ICO 资源。

（15）播放文件。

①播放幻灯片。

在使用 ACDSee 浏览图像的时候，可以设置以幻灯片的方式来连续播放图像。要以幻灯片方式播放，首先必须切换到 ACDSee 的图片查看窗口，然后用鼠标依次选择菜单中的"Tools"/"Slide Show"/"Run"，就可以以幻灯片方式自动播放某文件夹中的图像；也可以通过鼠标右键菜单项或按快捷键"Pause"启动幻灯片播放方式。

②播放动画文件。

动画文件在多媒体程序中起着至关重要的作用，以往要选择一段动画素材时，必须启动相应的编辑软件，然后逐个打开进行试播放。有了 ACDSee 后，这个问题就变得简单多了。在 ACDSee 中已经内置了 MPG 和 AVI 格式文件的解码器，可以以缩略图的形式播放动画文件，从而给选择素材文件提供了很大的方便。具体方法如下：

首先启动 ACDSee，单击"Plug-Ins"/"Settings"，打开相应对话框，在这里可以设置 ACDSee 的插件功能，使之能够以缩略图方式动态显示 MPG 和 AVI 文件；然后选中其中的"ID_AVI.apl"项目，打开设置框，选择其中的"Option"标签，并选择"Play Animation"，以动态显示 AVI 文件，选中其中的"ID_MPG.apl"项目，也进行类似的设置，最后进入任一文件夹，选中其中的 AVI 或 MPG 文件，在 ACDSee 的图片显示区域中就会出现一个小小的播放器，可以使之暂停也可以播放，这样 AVI 或 MPG 文件的内容就被看得清清楚楚了。

③播放声音文件

在制作多媒体程序时离不开声音，有时候为了找到一个声音，不得不打开声音软件逐个挑选。在 ACDSee 软件中已经内置了声音文件的解码器，它能够识别 WAV、MID、MP3 等格式的声音文件，只要进入 ACDSee 窗口中，选中这些文件，就会在图片显示区域内出现一个播放器，通过它就可以试听声音，从而免去了打开文件和切换之烦琐。

（16）快速查找图像文件。

如果图像文件不具有标准的文件扩展名，ACDSee 会认为它不是图像文件，这样在浏览窗口不会显示文件的预览图。这时候可以设定让 ACDSee 通过访问每个文件的头部信息强制确定它是否为图像文件。在浏览器方式下，进入设置菜单，选择"Tools"/"Options"/"Files List"标签项的"Reading Image Information"项中的"Never"选项之外的任意项。此项选择生效后，ACDSee 每进入一个文件目录都会扫描目录内的文件头部，提取图像格式和尺寸信息，这样就可以浏览查看非标准后缀名的图像文件了。这个功能可以帮助使用者快速地找出一个文件夹内到底有多少图像文件，这对多媒体制作人员是很有好处的。

（17）压缩文件。

一般情况下，人们都喜欢把一些文件压缩成压缩文件，以节省硬盘空间，比较流行的压缩格式为 ZIP 格式，但是有时候计算机上没有安装 WinZIP，这时 ACDSee 的查看和显示 ZIP 压缩包文件功能就能够发挥作用了。具体的方法如下：

首先启动 ACDSee，单击"Plug-Ins"/"Settings"，打开相应对话框，选中"Archive"标签，并选中其中的"ax_zip.apl"项目，如果想查看有关"ax_zip.apl"项目的详细情况，可单击窗口右下角的"Properties"按钮，打开设置框，将显示一些版权信息；然后进入任一文件夹，选中其中的 ZIP 文件，双击它，ACDSee 会把它当作一个文件夹来看待，这时候就可以查看其中的图像文件了（当然也包括 ACDSee 所支持的其他多种格式）。这样就可以在不解压 ZIP 文件的情况下对其包含的素材有个大致的了解，这是非常方便的。

2. 图片设计软件 Photoshop

1）Photoshop 简介

Adobe Photoshop 是由 Adobe Systems 开发和发行的图像处理软件。

Photoshop 主要处理以像素所构成的数字图像。其使用众多的编修与绘图工具，可以有效地进行图片编辑工作。Photoshop 有很多功能，在图像、图形、文字、视频、出版等各方面都有涉及。

2003 年，Adobe Photoshop 8 更名为 Adobe Photoshop CS。2013 年 7 月，Adobe 公司推出了新版本的 Photoshop CC，自此，Photoshop CS6 作为 Adobe CS 系列的最后一个版本被新的 CC 系列取代。截至 2016 年 1 月，Adobe PhotoshopCC 2015 为市场最新版本。

Adobe 支持 Windows 操作系统、安卓系统与 Mac OS，Linux 操作系统的用户可以通过使用 Wine 来运行 Photoshop。

2）Photoshop 的功能

（1）处理加工。Photoshop 的专长在于图像处理，而不是图形创作。图像处理是对已有的位图图像进行编辑加工处理以及运用一些特殊效果，其重点在于对图像的处理加工。图形创作是按照设计者的构思创意，使用矢量图形等来设计图形。

（2）平面设计。平面设计是 Photoshop 应用最为广泛的领域，无论是图书封面，还是招贴、海报，这些平面印刷品通常都需要 Photoshop 软件对图像进行处理。

（3）广告摄影。广告摄影是一种对视觉要求非常严格的工作，其最终成品往往要经过 Photoshop 的修改才能得到令人满意的效果。

（4）影像创意。影像创意是 Photoshop 的特长，通过 Photoshop 的处理可以将不同的对象组合在一起，使图像发生变化。

（5）网页制作。网络的普及促使更多的人学习 Photoshop，因为在制作网页时 Photoshop 是必不可少的网页图像处理软件。

（6）后期修饰：在制作建筑效果图，包括三维场景时，人物与配景，包括场景的颜色常常需要利用 Photoshop 修改和调整。

（7）视觉创意。视觉创意是设计艺术的一个分支，此类设计通常没有非常明显的商业目的，但由于它为广大设计爱好者提供了广阔的设计空间，因此越来越多的设计爱好者开始学习 Photoshop，并进行具有个人特色与风格的视觉创意。

（8）界面设计。界面设计是一个新兴的领域，受到越来越多的软件企业及开发者的重视。在当前还没有用于界面设计的专业软件，因此绝大多数设计者使用的都是 Photoshop。

3）Photoshop 的界面组成及操作说明

（1）标题栏。

标题栏位于主窗口顶端，最左边是 Photoshop 标记，右边分别是最小化、最大化/还原和关闭按钮。属性栏又称工具选项栏。选中某个工具后，属性栏就会改变成相应工具的属性设置选项，可更改相应的选项。

（2）菜单栏。

菜单栏为整个环境下所有窗口提供菜单控制，包括文件、编辑、图像、图层、选择、滤镜、视图、窗口和帮助 9 项。Photoshop 通过两种方式执行所有命令，一是菜单，二是快捷键。

（3）图像编辑窗口。

中间窗口是图像窗口，它是 Photoshop 的主要工作区，用于显示图像文件。图像窗口带有自己的标题栏，提供打开文件的基本信息，如文件名、缩放比例、颜色模式等。如同时打开两幅图像，可通过单击图像窗口进行切换。图像窗口切换可使用"Ctrl + Tab"组合键。

（4）状态栏。

主窗口底部是状态栏，由 3 部分组成。文本行说明当前所选工具和所进行操作的功能与作用等信息。

（5）缩放栏。

缩放栏显示当前图像窗口的显示比例，用户也可在此窗口中输入数值后按回车键来改变显示比例。

（6）预览框。

单击预览框右边的黑色三角按钮，打开弹出菜单，选择任一命令，相应的信息就会在预览框中显示。

（7）工具箱。

工具箱中的工具可用来选择、绘画、编辑以及查看图像。拖动工具箱的标题栏，可移动工具箱；单击可选中工具或移动光标到该工具上，属性栏会显示该工具的属性。有些工具的右下角有一个小三角形符号，这表示在工具位置上存在一个工具组，其中包含若干个相关工具。

（8）控制面板。

Photoshop 共有 14 个控制面板，可通过"窗口/显示"来显示相应面板。

按 Tab 键，自动隐藏命令面板、属性栏和工具箱，再次按 Tab 键，显示以上组件。

按"Shift + Tab"组合键可隐藏控制面板，保留工具箱。

（9）绘图模式。

使用形状工具或钢笔工具时，可以使用 3 种不同的模式进行绘制图形。在选定形状工具或钢笔工具时，可通过选择选项栏中的图标来选取一种模式。

（10）形状图层。

可在单独的图层中创建形状。可以使用形状工具或钢笔工具来创建形状图层。因为可以方便地移动、对齐、分布形状图层以及调整其大小，所以形状图层非常适合为 Web 页创建图形。可以选择在一个图层上绘制多个形状。形状图层包含定义形状颜色的填充图层以及定义形状轮廓的链接矢量蒙版。形状轮廓是路径，它出现在"路径"面板中。

（11）路径。

在当前图层中绘制一个工作路径，随后可使用它来创建选区、矢量蒙版，或者使用颜色填充和描边工具创建栅格图形（与使用绘画工具非常类似）。除非存储工作路径，否则它是一个临时路径。路径出现在"路径"面板中。

填充像素直接在图层上绘制，与绘画工具的功能非常类似。在此模式中工作时，创建的是栅格图像，而不是矢量图形。可以像处理任何栅格图像一样处理绘制的形状。在此模式中只能使用形状工具。

（12）档案格式。

①PSD 。PSD 是 Photoshop 默认的保存文件的格式，它可以保留所有图层、色版、通道、蒙版、路径、未栅格化文字以及图层样式等，但无法保存文件的历史操作记录。Adobe 的其他软件产品，例如 Premiere、Indesign、Illustrator 等可以直接导入 PSD 文件。

②PSB 。PSB 最大可保存长度和宽度不超过 300 000 像素的图像文件，此格式用于文件大小超过 2 GB 的文件，但只能在新版 Photoshop 中打开，其他软件以及旧版 Photoshop 不支持此格式。

③PDD。此格式只用来支持 Photo Deluxe 的功能。Photo Deluxe 现已停止开发。

④RAW。Photoshop RAW 包括具有 Alpha 通道的 RGB、CMYK 和灰度模式，以及没有 Alpha 通道的 Lab、多通道、索引和双色调模式。

⑤BMP。BMP 是 Windows 操作系统专有的图像格式，用于保存位图文件，最高可处理 24 位图像，支持位图、灰度、索引和 RGB 模式，但不支持 Alpha 通道。

⑥GIF。GIF 格式因采用 LZW 无损压缩方式并且支持透明背景和动画，被广泛用于网络。

⑦EPS。EPS 是用于 Postscript 打印机上输出图像的文件格式，大多数图像处理软件都支持该格式。EPS 格式能同时包含位图图像和矢量图形，并支持位图、灰度、索引、Lab、双色调、RGB 以及 CMYK 模式。

⑧PDF。便携文档格式 PDF 支持索引、灰度、位图、RGB、CMYK 以及 Lab 模式。它具有文档搜索和导航功能，同样支持位图和矢量。

⑨PNG。PNG 作为 GIF 的替代品，可以无损压缩图像，并最高支持 244 位图像并产生无锯齿状的透明度。一些旧版浏览器（例如 IE5）不支持 PNG 格式。

⑩TIFF。TIFF 是通用文件格式，绝大多数绘画软件、图像编辑软件以及排版软件都支持该格式，并且扫描仪也支持导出该格式的文件。

JPEG。JPEG 和 JPG 一样是一种采用有损压缩方式的文件格式，JPEG 支持位图、索引、灰度和 RGB 模式，但不支持 Alpha 通道。

（13）文件大小。

像素总量 = 宽度×高度（以像数点计算）

文件大小 = 像素总量×单位像素大小（Byte）

单位像素大小计算：最常用的 RGB 模式中 1 个像素点等于 3 个 Byte，CMYK 模式中 1 个像素点等于 4 个 Byte，而灰阶模式和点阵模式中一个像素点等于 1 个 Byte。

打印尺寸 = 像素总量/设定分辨率（dpi）

3.3　网页制作

3.3.1　网页制作的定义

网页制作，是指利用相应的工具，依据 HTML 标准，将已经设计好的网站图片转化为真实的 HTML 页面，并保障其在网页浏览器中能被准确解释和执行的过程。

3.3.2　网页制作的过程

（1）第一步，获得网站技术方案和效果图片。

网站的技术方案和效果图片是动手制作 HTML 网站前的重要参考依据。如果没有它们，则需先撰写方案和设计页面效果，不提倡在没有方案和效果图片的情况下直接动手制作网站。

（2）第二步，将网页设计图转化为待使用的网站细节图片。

网站设计好后，是一幅完整的图片文件。但网页文件却是文字、图片、多媒体和程序代码的组合，页面中的所有图片，必须是已经被切碎、可灵活使用的细节图。

通常使用 Adobe 公司的 ImageReader CS 软件来实现页面的切割工作。

（3）第三步，使用网页制作工具建立站点。

因为网站通常是多个网页的集合体，所以为了提高网页的制作效率和准确性，需要先建立站点。在建立站点时，应配备好文件目录、文件类型、FTP 和测试环境等。

虽然可以使用在记事本中直接编写 HTML 代码的方式制作网页，但这种方式较抽象，为了更好地掌控建设情况，人们一般选择一些具备"所见即所得"功能的工具软件来完成页面的制作。常用的页面制作工具有微软公司的 FrontPage 和 Adobe 公司的 Dreamweaver CS 等。此外，微软公司的 Visual Stdio 也具备一定的网页制作功能。

利用一般的网页制作工具，都可以方便地设定网站的站点。

（4）第四步，使用网页制作工具制作网页的布局与结构。

站点建立好后，就可以进入正式的页面制作阶段了。首先需要利用网页制作工具在空白的页面上进行结构布局。

常用的网页布局方式有 3 种：

（1）使用层文件，即 < div > 标签。这种方式灵活，且能实现空间叠加，还可以和程序结合，实现多种复杂的功能。

（2）使用表格，即 < table > < tr > < td > …… </td > </tr > </table > 三层标签的组合应用。利用表格来排版最严谨，能做到纹丝不差、结构翔实，故其最受网页工程师们的欢迎。

（3）使用页面框架，即 < frameset > …… </frameset > 标签。利用框架，可以实现浏览器窗口的切割使用，也能实现在一个窗口中同时打开多个页面文件的功能。

（5）第五步，在网页的布局中填加具体的图文信息。

当页面的布局完成后，就可以在每个局部依次添加所需的信息内容了。常见的网页信息有图片、文字和多媒体。

其中，图片主要支持"＊.JPG""＊.GIF"和"＊.PNG"3 种格式。多媒体主要包括Flash 动画、音频和视频 3 类。

一些浏览器不能直接播放或显示某些信息内容，需要添加一定的插件功能才能正常浏览。

（6）第六步，添加超级链接。

网站，必须由带有超链接的各个网页文件组成。在页面中，文字、图片、Flash 动画、按钮等都可添加超级链接。

通常，并不需要在完成整个页面的信息填充后才添加超链接，而是逐项进行。每添加完一部分版块空间的图文信息后，就可以先在其上添加超链接，待完成后再添加其他局部内容的信息和超级链接。

（7）第七步，添加程序代码。

通过程序代码的填加，可以让页面实现更多的功能，也可以实现动态更新，减少维护人员的工作量。

需要注意的是，并不是每个页面都需要添加程序代码。对于一些规模较小、不需经常更新的网站，可以先制作不包含程序代码的静态网页文件，直接发布运行。

（8）第八步，网页的测试与修整。

网页制作完后，还要进行一系列的测试工作，包括页面布局结构的调整、图文信息的校正，空链接或不当链接的修改、程序代码的调试等。

测试无误后，就可以将网页上传到网络服务器上，供互联网用户访问了。

3.4　课堂练习

1. 练习内容

网站页面的设计。

2. 练习目标

试设计一个个人网站的首页面。

3. 具体要求

（1）页面栏目设置恰当。

（2）页面结构布局合理。

（3）页面设计美观大方。

（4）页面色彩与风格契合主题。

第 4 章　Dreamweaver 基础

当我们在互联网上漫游时，会发现各种有趣的、美丽的网页。当我们沉醉于这些网上的"美丽风景"时，有没有想过尝试着去制作一些网页？可能有的读者对 HTML 语言并不熟悉，没关系，以 Dreamweaver 为代表的网页制作工具软件的出现，让网页制作变得简单。通过"所见即所得"的便捷方式，我们能够轻松地制作网页。

4.1　Dreamweaver 常识

4.1.1　Dreamweaver 简介

Dreamweaver 简称"DW"，中文名称为"织梦者"或"网络梦工厂"，是美国 Macromedia 公司所开发的一款集网页制作和网站管理于一身的"所见即所得"网页编辑器。Dreamweaver 是第一套针对专业网页设计师特别发展的视觉化网页开发工具，利用它可以轻而易举地制作出跨越平台限制和跨越浏览器限制的充满动感的网页。它与 Flash、Fireworks 一起被称为"网页制作三剑客"，这三个软件相辅相成，是制作网页的最佳选择。其中，Dreamweaver 主要用来制作网页文件，其制作出来的网页兼容性比较好，制作效率也很高；Flash 用来制作精美的网页动画；Fireworks 用来处理网页中的图形。因其强大而便捷的功能，Dreamweaver 广受市场欢迎，成为应用最多的网页制作工具。

2005 年，Macromedia 公司被 Adobe 公司收购，Dreamweaver 随即也变成 Adobe 公司的主打产品之一。

Adobe Dreamweaver 使用"所见即所得"的接口，也有 HTML（标准通用标记语言下的一个应用）编辑的功能。它有 Mac 和 Windows 系统的版本。Macromedia 公司被 Adobe 公司收购后，Adobe 公司也开始计划开发 Linux 版本的 Dreamweaver。Dreamweaver 自 MX 版本开始，使用了 Opera 的排版引擎"Presto"进行网页预览。

4.1.2　Dreamweaver 的最新功能

最新版本的 Dreamweaver 的功能更加丰富，除了常规的"所见即所得"的网页编辑功能之外，还包括如下功能。

1. 自适应网格

Dreamweaver 使用响应迅速的 CSS3 自适应网格版面，来进行跨平台和跨浏览器的兼容网页设计。其利用简洁、业界标准的代码为各种不同设备和计算机开发项目，提高了工作效率。利用 Dreamweaver 可以直观地创建复杂网页设计和页面版面，用户不必忙于编写代码。

2. 改善 FTP 性能

Dreamweaver 利用重新改良的多线程 FTP 传输工具节省了上传大型文件的时间。更快速高效地上传网站文件，可缩短制作时间。

3. Catalyst 集成

可使用 Dreamweaver 中集成的 BusinessCatalyst 面板连接并编辑利用 Adobe BusinessCatalyst（需另外购买）建立的网站。可利用托管解决方案建立电子商务网站。

4. 增强型 jQuery 移动支持

利用 Dreamweaver 更新的 jQuery 移动框架可为 iOS 和安卓平台建立本地应用程序，可建立触及移动受众的应用程序，同时简化移动开发工作流程。

5. 更新的 PhoneGap 支持

通过 Dreamweaver 中更新的 Adobe PhoneGap 支持可轻松地为 Android 和 iOS 建立和封装本地应用程序。可通过改编现有的 HTML 代码来创建移动应用程序，使用 PhoneGap 模拟器检查设计。

6. CSS3 转换

Dreamweaver 可将 CSS 属性变化制成动画转换效果，使网页设计栩栩如生。其在处理网页元素和创建优美效果时可保持对网页设计的精准控制。

7. 更新的"实时视图"功能

使用 Dreamweaver 更新的"实时视图"功能可在发布前测试页面。"实时视图"功能现已使用最新版的 WebKit 转换引擎，能够提供绝佳的 HTML5 支持。

借助 Dreamweaver 的"实时视图"功能可在真实的浏览器环境中设计网页，同时仍可以直接访问代码。呈现的屏幕内容会立即反映出对代码所作的更改。

借助改进的 JavaScript 核心对象和基本数据类型支持，可更快速、准确地编写 JavaScript。通过集成包括 jQuery、Prototype 和 Spry 在内的流行 JavaScript 框架，可充分利用 Dreamweaver 的扩展编码功能。

8. CS5 后的新增功能

借助 Dreamweaver 可以设计、构建最新的 HTML5 和 CSS3 网站，令交互性更上一层楼。同时可为多个设备进行设计，并进行全面的代码检查。

9. "多屏幕预览"面板

借助 Dreamweaver 的"多屏幕预览"面板，设计师可以为智能手机、Tablet 和个人计算机进行设计。借助媒体查询支持，开发人员可以通过一个面板为各种设备设计样式并实现渲染可视化。

可利用"多屏幕预览"面板检查智能手机、平板电脑和台式机所建立项目的显示画面。

10. CSS3/HTML5 支持

人们可以方便地通过 Dreamweaver 的 CSS 面板设置各类样式，该面板经过更新可支持新的 CSS3 规则。设计视图现支持媒体查询，在调整屏幕尺寸的同时可应用不同的样式。可使用 HTML5 进行前瞻性的编码，Dreamweaver 同时提供代码提示和设计视图渲染支持。

11. jQuery 集成

可以借助 Dreamweaver 的 jQuery 代码提示加入高级交互性。jQuery 是行业标准 JavaScript 库，允许用户为网页加入各种交互性。用户可借助针对手机的起动模板快速启动。

12. 新增相关文件功能

通过 Dreamweaver，可以查看和应用丰富的源代码，在"设计"视图中可以方便地查看父页面。

13. 集成编码增强功能

Dreamweaver 实现了内建代码提示的强大功能，令 HTML、JavaScript、Spry 和 jQuery 等 AJAX 框架、原型和几种服务器语言中的编码更快、更清晰。

14. 新增"代码导航器"功能

Dreamweaver 中新增的"代码导航器"功能可显示影响当前选定内容的所有代码源，如 CSS 规则、服务器端、外部 JavaScript 功能、Dreamweaver 模板、iframe 源文件等。

15. 新增 AdobeAIR 创作支持功能

可在 Dreamweaver 中直接新建基于 HTML 和 JavaScript 的 AdobeAIR 应用程序。在 Dreamweaver 中即可预览 AIR 应用程序，AdobeAIR 应用程序随时可与 AIR 打包及代码签名功能一起部署。

16. FLV 支持增强功能

可轻松地将 FLV 文件集成到任何网页中，而无须 Adobe Flash 软件知识。设计时可在 Dreamweaver 全新的实时视图中播放 FLV 影片。

17. 支持领先 Web 技术

可在支持大多数领先 Web 开发技术的工具中进行设计和编码，这些技术包括 HTML、XHTML、CSS、XML、JavaScript、AJAX、PHP、Adobe ColdFusion 软件和 ASP。

18. 学习最佳做法

在 Dreamweaver 的样式应用中，可参考集成好的 CSS 最佳做法实现可视化设计并辅以通俗易懂的实用概念说明。在支持可访问性和最佳做法的同时可创造 AJAX 驱动的交互性。

4.1.3 Dreamweaver 的优、缺点

1. 优点

1）制作效率高

Dreamweaver 可以用最快速的方式将 Fireworks、FreeHand，或 Photoshop 等档案移至网页上。使用检色吸管工具选择荧屏上的颜色可设定最接近的网页安全色。选单、快捷键与格式控制，都只需要一个简单的步骤便可完成。Dreamweaver 能与其他设计工具，如 Playback Flash、Shockwave 和外挂模组等搭配，不需离开 Dreamweaver 便可完成，整体运用流程自然顺畅。除此之外，只要单击鼠标便可使 Dreamweaver 自动开启 Firework 或 Photoshop 来进行编辑与设定图档的最佳化。

2）网站管理功能丰富

使用网站地图可以快速制作网站雏形，设计、更新和重组网页，改变网页位置或档案名称，Dreamweaver 会自动更新所有链接。支援文字、HTML 码、HTML 属性标签和一般语法的搜寻及置换功能使复杂的网站更新变得迅速又简单。

3）控制能力强

Dreamweaver 是唯一提供 RoundtripHTML、视觉化编辑与原始码编辑同步的设计工具。

它包含 HomeSite 和 BBEdit 等主流文字编辑器。帧（frames）和表格的制作速度快得令人无法想象。进阶表格编辑功能使用户可以简单地选择单格、行、栏或作不连续之选取，甚至可以排序或格式化表格群组。Dreamweaver 支持精准定位，利用可轻易转换成表格的图层可以以拖拉置放的方式进行版面配置。Dreamweaver 成功整合动态式出版视觉编辑及电子商务功能，Third-party 厂商提供超强的支援能力，包含 ASP、Apache、BroadVision、ColdFusion、iCAT、Tango 与自行发展的应用软体。梦幻样版和 XML Dreamweaver 将内容与设计分开，应用于快速网页更新和团队合作网页编辑。Dreamweaver 可建立网页外观的样版，指定可编辑或不可编辑的部分，内容提供者可直接编辑以样式为主的内容而不会不小心改变既定样式。也可以使用样版正确地输入或输出 XML 内容。利用 Dreamweaver 设计的网页，可以全方位地呈现在任何平台的热门浏览器上。Cascading style sheets 的动态 HTML 支援和鼠标换图效果、声音和动画的 DHTML 效果资料库可在 Netscape 和 Microsoft 浏览器上执行。使用不同浏览器检示功能，Dreamweaver 可以告知用户在不同浏览器上执行的成效如何。当有新的浏览器上市时，只要从 Dreamweaver 的网站在下载其描述档，便可得知详尽的成效报告。

2. 缺点

1）设计与运行效果有时略有偏差

用 Dreamweaver 制作的网页难以精确达到与浏览器完全一致的显示效果，也就是说，在"所见即所得"的网页编辑器中制作的网页放到浏览器中很难完全达到真正想要的效果，这一点在结构复杂一些的网页（如分帧结构、动态网页结构）上便可以体现出来。

2）代码编写体验有待提高

相比之下，"非所见即所得"的网页编辑器就不存在这个问题，因为所有的 HTML 代码都在用户的监控下产生，但是"非所见所得"的网页编辑器的工作效率低。

4.2 Dreamweaver 的安装

4.2.1 Dreamweaver 的安装配置要求

现以最新版本的 Dreamweaver CS6 来说明安装 Dreamweaver 对系统配备的相关要求。

1. Windows 平台下的配置。

（1）Intel Pentium4 或 AMD Athlon64 处理器；

（2）Microsoft Windows XP（带有 Service Pack2，推荐 Service Pack3）、Windows Vista Home Premium、Business、Ultimate 或 Enterprise（带有 ServicePack1），或 Windows7、Windows8；

（3）512MB 内存；

（4）1GB 可用硬盘空间用于安装，安装过程中需要额外的可用空间（无法安装在可移动闪存设备上）；

（5）分辨率 1 024 × 768 的显示器，16 位显卡；

（6）DVD-ROM 驱动器；

（7）在线服务需要宽带 Internet 连接并不断验证订阅版本（如果适用）。

2. MacOS 平台下的配置。

（1）Intel 多核处理器；

（2）MacOS ×10.5.8 或 10.6 版；

（3）512MB 内存；

（4）1.8GB 可用硬盘空间用于安装，安装过程中需要额外的可用空间（无法安装在使用区分大、小写的文件系统的卷或可移动闪存设备上）；

（5）分辨率 1 280×800 的显示器，16 位显卡；

（6）DVD-ROM 驱动器；

（7）在线服务需要宽带 Internet 连接并不断验证订阅版本（如果适用）。

4.2.2 Dreamweaver 的官方下载地址

为保护软件的知识产权，建议读者购买正版软件，或从 Adobe 的官方网站下载试用版。官方网站下载地址如下：

https：//creative.adobe.com/zh-cn/products/download/dreamweaver? promoid = KSPDB

百度软件中心的授权下载地址如下：

http：//rj.baidu.com/soft/detail/24405.html? ald

4.2.3 Dreamweaver CS6 的安装步骤

（1）第一步：解压缩安装文件。

首先从官方网站下载 Dreamweaver CS6 的安装包，直接双击"Dreamweaver_12_LS3"就会弹出相应的界面，默认解压位置为桌面。也可以点击右边的文件夹图标，自己选择解压路径，如图 4-1 所示。

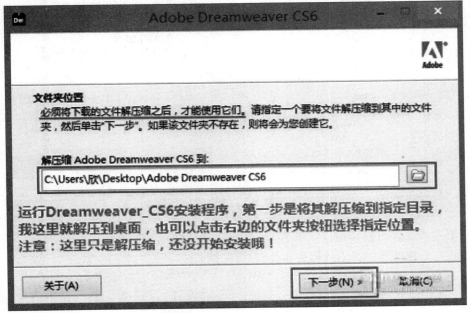

图 4-1 解压安装文件

（2）第二步：选择是否重启。

解压完成之后桌面会多出一个文件夹，其在安装之后可以删除，解压完成会自动进入安装界面，有时候会弹出一个报告，这个报告可以直接忽略，如果不放心可以重启电脑再次安装，如图 4 – 2 所示。

图 4 – 2　重启提示

（3）第三步：选择安装模式。

安装界面有两个选项，一个是"安装"，一个是"试用"，如图 4 – 3 所示，只是方式不同，软件是一样的。若单击"试用"，在此之前要先断开网络，否则登录 Adobe 账户才能安装。

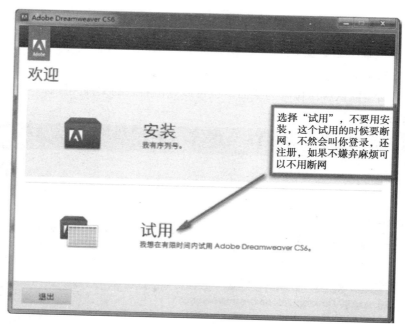

图 4 – 3　安装模式提示

（4）第四步：许可安装协议。

正式进入安装界面，弹出软件许可协议，单击"接受"进入下一步。

（5）第五步：选择安装位置。

接下来的界面是让用户选择安装位置，通常选择默认就行了。当然，也可以选择一个需要的安装路径。如果电脑使用 32 位操作系统，将看到"C：\ Program Files \ Adobe"而不是

"C：\ Program Files（x86）\ Adobe"，如果要改变路径，只改动 C 盘就行了，其他按照原来
的路径，这样才规范。首先在 D 盘的 "Program Files" 文件夹里面创建一个 Adobe 文件，如果
使用 64 位的操作系统，建议在 "Program Files（x86）" 文件夹里面创建，然后选择 "D：\ Pro-
gram Files（x86）\ Adobe"，如图 4 -4 所示。

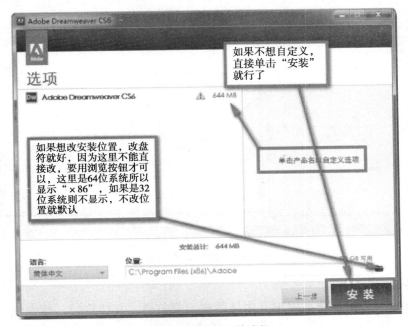

图 4 - 4　选择安装路径

（5）第五步：确定路径。

本书选择将软件装到 D 盘，这里的原始路径 "C：\ Program Files（x86）\ Adobe" 被改
为 "D：\ Program Files（x86）\ Adobe"，这是很标准的改法。

（6）第六步：开始安装。

安装过程大约需要 3 ~5 分钟，根据用户电脑磁盘空间大小和 CPU/内存的不同，速度会
有些差异，请耐心等待。

（7）第七步：安装完成。

程序安装完成后，基本就可以使用了。

如果安装的是试用版，若想长期使用还需要输入购买的序列号。

4.3　Dreamweaver 的工作界面

1. 开发模式界面

Dreamweaver 不仅是一款优秀的 "所见即所得" 的网页设计软件，还兼顾了 HTML 源
代码，如图 4 -5 所示，可以单独使用其中的一种方式来开发网页，也可以两个同时
使用。

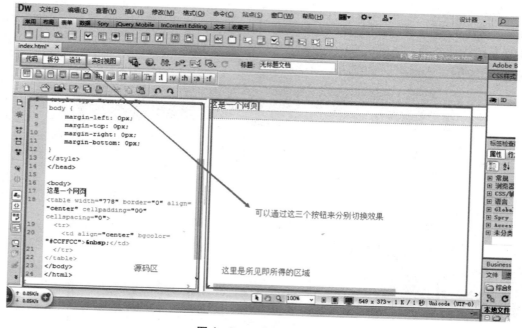

图4-5 开发模式界面

2. 操作界面

Dreamweaver CS6 的操作界面主要由标题栏、菜单栏、文档窗口、插入栏、属性面板、浮动窗口这些工具构成，如图4-6所示，可以根据需要来调节显示还是隐藏这些工具。

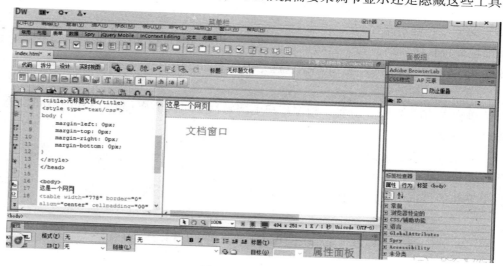

图4-6 操作界面

3. 菜单栏

菜单栏（图4-7）上的每个菜单选项下面都有一个菜单，每一行菜单命令都可以进行与命令执行或属性相关的设置。

图4-7　菜单栏

4. 菜单操作

通过单击主菜单选择子菜单，可以实现需要的功能操作。以较常用的"插入"菜单作为示例，有一种排版方式是使用表格对页面进行排版，单击"插入"/"表格"就可以在"插入"菜单中选择表格进行插入，如图4-8所示。

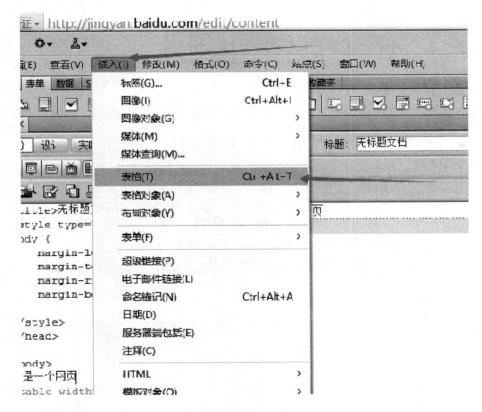

图4-8　"插入"菜单的操作

5. 弹出窗口设置

单击菜单后，通常会弹出一些属性窗口供用户操作。例如单击"插入"/"表格"后，会弹出一个表格的属性窗口，如图4-9所示。当然，也可以在单击表格图标按钮后对要插入的表格进行相关的属性设置。

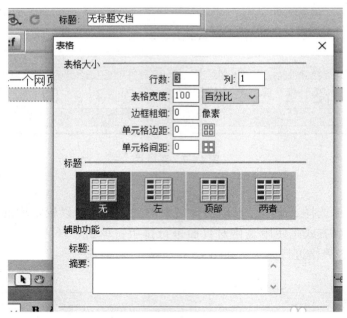

图 4 – 9　表格的属性窗口

6. 文档主窗体的操作

在文档窗口可以直接输入文字，输入的文字将直接成为网页的内容，如图 4 – 10 所示。

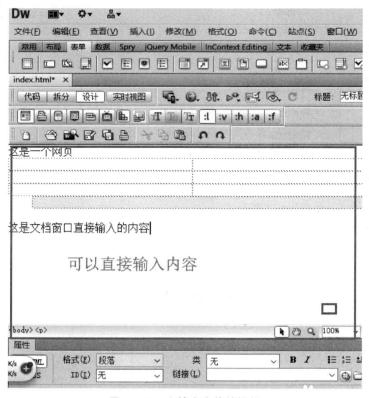

图 4 – 10　文档主窗体的操作

7. "属性"面板

"属性"面板显示当前选定的对象或者文本的属性，如图4-11所示，也可以在这里直接修改属性。

图4-11 "属性"面板

8. 浮动面板

浮动面板通常是一些功能近似的面板，它们可以是折叠状态的，也可以是展开状态的，可以通过单击标签来展开或折叠它们，如图4-12所示。

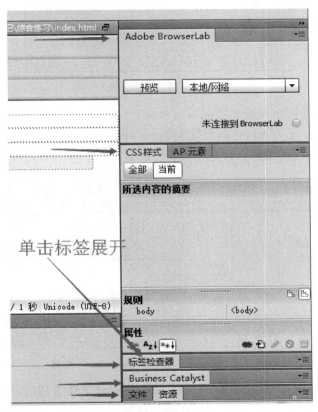

图4-12 浮动面板的折叠与展开

9. 下方窗口

窗口最下面由三部分组成，从左向右分别为标签选择器（tag selector）、页面信息和迷你发射器。

最左面的是标签选择器，它可以用来显示光标所在位置或所选对象的层次结构。在页面中选定某个对象后，标签选择器会将选择的标签加粗显示，比如选中一个图形，则"＜img＞"

字样会被加粗，如图 4 - 13 所示。标签选择器的用途很多，以后会经常使用。

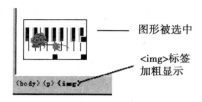

图 4 - 13　标签选择器

底栏中间是一些页面信息。第一项用于显示和控制文档窗口的大小，单击旁边的小箭头，可以从列表中选择窗口的尺寸；第二项用于显示和估计文档的大小及下载这个页面所需时间，包括所有与其链接的图片及 Shockware 电影，如图 4 - 14 所示。

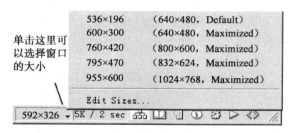

图 4 - 14　页面信息

底栏最右侧的一排按钮叫迷你发射器（Mini-Launcher），如图 4 - 15 所示。其实它就是常用窗口快捷工具栏，比如 Site（站点管理器）、Library（库管理）、CSS Styles（样式编辑器）、Html Source（源代码编辑器）等窗口。

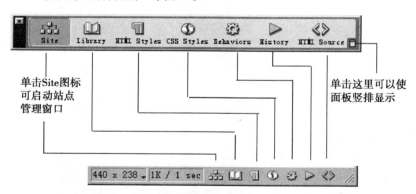

图 4 - 15　迷你发射器和"Launcher"面板

假设要调出 HTML 源代码编辑器，可以在迷你发射器上单击最后一个按钮，也可以按下F10 键。按下"Shift + F4"组合键，可以看到迷你发射器放大的样子，它叫作"Launcher"面板，以后会经常用到。

4.4　Dreamweaver 的常用快捷键

在运用 Dreamweaver 的过程中，熟练地使用快捷键，在制作网页时能达到事半功倍的效果。

1）文件菜单类快捷键

新建文档：Ctrl + N；

打开一个 HTML 文件：Ctrl + O；

在框架中打开：Ctrl + Shift + O；

保存：Ctrl + S；

另存为：Ctrl + Shift + S；

检查链接：Shift + F8；

退出：Ctrl + Q；

关闭：Ctrl + W。

2）编辑菜单类快捷键

撤销：Ctrl + Z；

重复：Ctrl + Y 或 Ctrl + Shift + Z；

剪切：Ctrl + X 或 Shift + Del；

拷贝：Ctrl + C 或 Ctrl + Ins；

粘贴：Ctrl + V 或 Shift + Ins；

清除：Delete；

全选：Ctrl + A；

选择父标签：Ctrl + Shift + ＜；

选择子标签：Ctrl + Shift + ＞；

查找和替换：Ctrl + F；

查找下一个：F3；

参数选择：Ctrl + U；

缩进代码：Ctrl + Shift +]；

左缩进代码：Ctrl + Shift + [；

平衡大括弧：Ctrl + '；

启动外部编辑器：Ctrl + E。

3）页面视图类快捷键

标准视图：Ctrl + Shift + F6；

布局视图：Ctrl + F6。

工具条：Ctrl + Shift + T；

4）查看页面元素类快捷键

可视化助理：Ctrl + Shift + I；

标尺：Ctrl + Alt + R；

显示网格：Ctrl + Alt + G；

靠齐到网格：Ctrl + Alt + Shift + G；

头内容：Ctrl + Shift + W ；

页面属性：Ctrl + Shift + J。

5）代码编辑类快捷键

切换到设计视图：Ctrl + Tab；

打开快速标签：Ctrl + T；

替换：Ctrl + H；

切换断点：Ctrl + Alt + B；

向上选择一行：Shift + Up；

向下选择一行：Shift + Down；

选择左边字符：Shift + Left；

选择右边字符：Shift + Right；

向上翻页：PageUp；

向下翻页：PageDown；

向上选择一页：Shift + PageUp；

向下选择一页：Shift + PageDown；

选择左边单词：Ctrl + Shift + Left；

选择右边单词：Ctrl + Shift + Right；

移到行首：Home；

移到行尾：End；

移动到代码顶部：Ctrl + Home；

移动到代码尾部：Ctrl + End；

向上选择到代码顶部：Ctrl + Shift + Home；

向下选择到代码顶部：Ctrl + Shift + End。

6）处理表格类快捷键

选择表格（光标在表格中）：Ctrl + A；

移动到下一单元格：Tab；

移动到上一单元格：Shift + Tab；

插入行（在当前行之前）：Ctrl + M；

在表格末插入一行单元格：Tab；

删除当前行：Ctrl + Shift + M；

插入列：Ctrl + Shift + A；

删除列：Ctrl + Shift + –（连字符）；

合并单元格：Ctrl + Alt + M；

拆分单元格：Ctrl + Alt + S；

更新表格布局：Ctrl + Spacebar。

4.5　课堂练习

1. 练习内容

安装和操作 Dreamweaver 工具软件。

2. 练习目标

（1）熟练掌握 Dreamweaver 的安装方法；

（2）熟悉 Dreamweaver 的操作环境和工作界面。

3. 具体要求

（1）在 D 盘安装 Dreamweaver CS6 软件。

（2）打开 Dreamweaver CS6，熟悉其菜单栏各项菜单和子菜单内容。

（3）打开 Dreamweaver CS6，熟悉其工作界面布局。

（4）打开 Dreamweaver CS6，熟悉其各类属性面板。

第 5 章　站点与文件

　　站点是网页文档集中存放的地点，是主要用于存放用户制作的网页、各类素材（含图片、Flash 动画、视频、音频、数据库文件等）的一个本地文件夹。Web 站点内是相关主题、类似的设计、链接文档和资源等。Dreamweaver 不仅可以创建单独的文档，还可以创建完整的 Web 站点。创建 Web 站点的第一步是规划。为了达到最佳效果，在创建任何 Web 站点之前，应对站点的结构进行设计和规划，决定要创建多少网页、每个网页上显示什么内容、页面布局的外观以及网页是如何连接起来的。

5.1　站点管理

　　建立一个网站，首先要有站点。业内很多网站工程师都喜爱用 Dreamweaver CS6 来完成相应的建设工作。如何利用 Dreamweaver CS6 创建站呢点？这会是很多新手头疼的问题。下面讲解如何利用 Dreamweaver CS6 创建网站的站点。

5.1.1　创建站点

1. 方法一：在菜单栏上选择新建站点

（1）寻找站点菜单

　　其实，Dreamweaver 早就集成了站点管理功能。打开 Dreamweaver CS6，在 Dreamweaver CS6 的开始界面的导航上可以看到"站点"菜单，如图 5-1 所示。

图 5-1　"站点"菜单

（2）新建站点

单击 Dreamweaver CS6 菜单导航上的"站点"菜单，然后在弹出的菜单上选择"新建站点"，如图 5 - 2 所示。

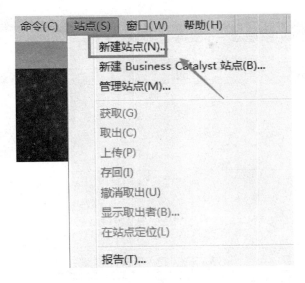

图 5 - 2　通过菜单新建站点

（3）设置站点属性。

弹出站点设置对话框，先设置站点项，这是在计算机本地创建的，在"站点名称"处输入站点名称，然后选择本地站点文件夹路径，如图 5 - 3 所示。

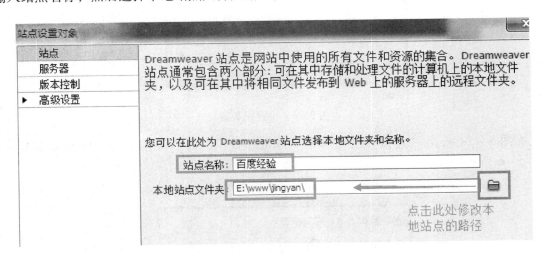

图 5 - 3　设置站点属性

（4）设置服务器选项。

设置完站点属性后，设置服务器选项，这个设置主要用于动态页面，动态页面需要由服务器解析。单击左下角的" + "图标添加服务器，如图 5 - 4 所示。

在弹出的对话框中填入需要的信息，如图 5 - 5 所示。

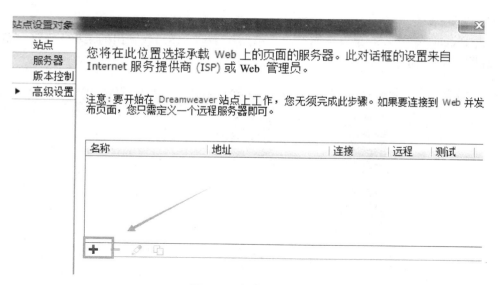

图 5 - 4　添加服务器

图 5 - 5　设置服务器

在图 5 - 5 中，若"连接方法"选择"本地/网络"，表示仅在本机运行 Web 服务器，如图 5 - 6 所示。

图 5 - 6　设置服务器连接方式

接下来设置服务器模型，如图 5－7 所示。

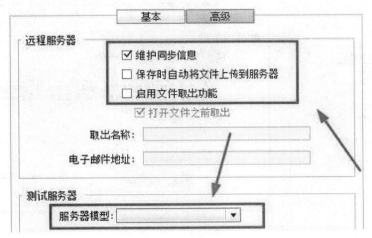

图 5－7　设置服务器模型

（5）设置服务器网络地址。

开发网站的时候一般都是在本地搭建服务器，所以"连接方法"选择"本地/网络"。服务器名称和服务器文件夹都是安装服务器时确定的，服务器文件夹直接选择安装服务器时的位置就可以了。此处服务器安装在"D:\App\www"文件夹下，站点叫"jingyan"。这里"Web URL"设置为"http：//localhost/jingyan"。单击"保存"按钮，如图5－8所示。

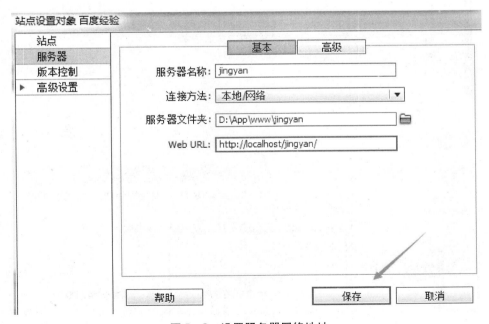

图 5－8　设置服务器网络地址

（6）高级设置

打开"高级设置"，可以给网站的站点设置一些更加丰富的内容，如图 5－9 所示。

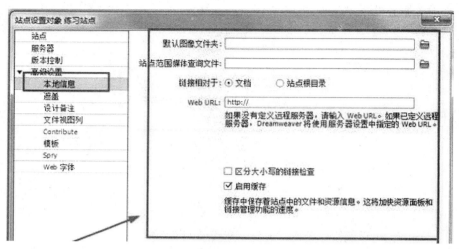

图 5 – 9 "高级设置"/"本地信息"

接下来，可以设置遮盖的应用，选择"遮盖"，可以对站点设置遮盖信息，如图 5 – 10 所示。

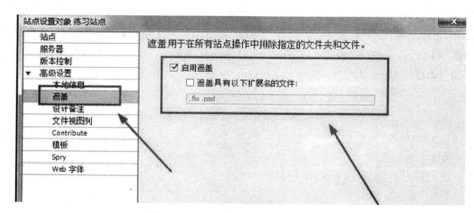

图 5 – 10 "高级设置"/"遮盖"

同时要把设计备注，如图 5 – 11 所示。

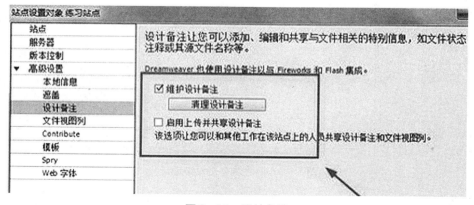

图 5 – 11 设计备注

可以通过对文件视图列的设置，实现对站点管理器中文件浏览窗口所显示的内容的管理，如图 5 – 12 所示。

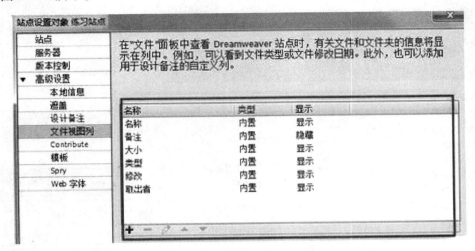

图 5 – 12　设置文件视图列

（7）保存站点设置信息。

单击"保存"按钮后，返回新建站点的服务器选项界面，勾选"测试"，然后单击"保存"按钮，如图 5 – 13 所示。

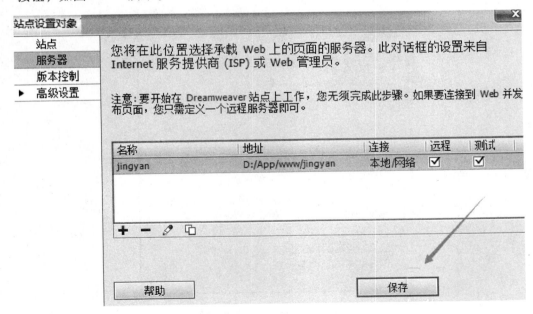

图 5 – 13　保存站点设置信息

（8）完成建站

至此，利用 Dreamweaver CS6 新建站点的过程就结束了，其效果如图 5 – 14 所示。

图 5 – 14　站点显示效果

2. 方法二：用管理站点的方式新建站点

单击"管理站点"，如图 5 – 15 所示。

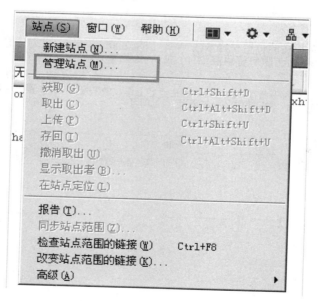

图 5 – 15　单击"管理站点"

　　单击"管理站点"之后，可以看到"管理站点"对话框，单击"新建"按钮出现一个下拉菜单，这里选择"站点"，如图 5 – 16 所示。

　　然后就出现了一个很熟悉的界面，其和方法一的配置过程是一样的，如图 5 – 17 所示，这里不再赘述。

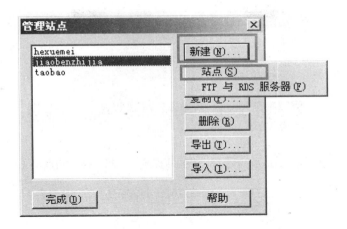

图 5－16　新建站点

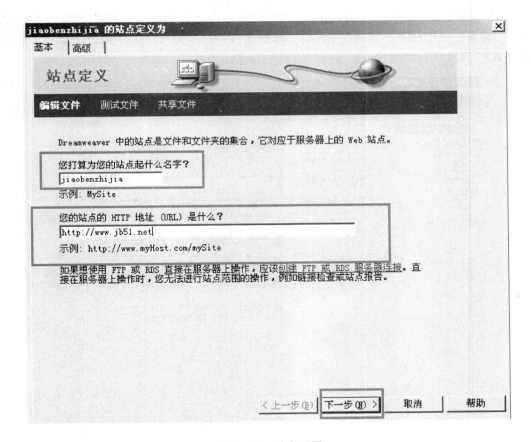

图 5－17　站点配置

3. 方法三：用基本和高级标签新建站点

不论是在菜单栏上选择新建站点，还是用管理站点的方式新建站点，在弹出的界面上都有两个标签："基本"和"高级"，如图 5－18 所示，这是两种新建站点的方式。

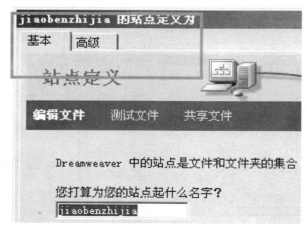

图 5-18   "基本"和"高级"标签

软件默认的是"基本"标签，前面已经介绍了"基本"标签的使用方法，下面介绍"高级"标签。这个标签不常用，"基本"标签相当于一个向导，引导用户一步一步地完成配置，而"高级"标签能够一下子把所有的配置都设置好，如图 5-19 所示。

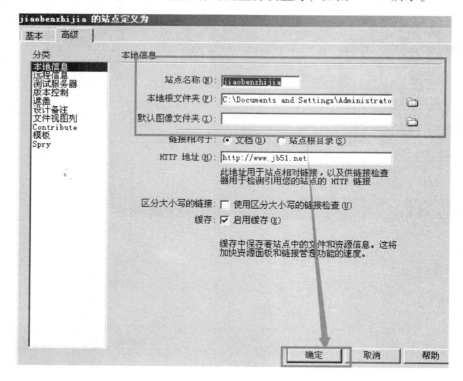

图 5-19   "高级"标签配置

4. 方法四：通过文件新建站点

在图 5-20 中的界面右边有个"管理站点"按钮，或单击"桌面"的下拉菜单，下拉菜单中也有一个"管理站点"选项。两个可以任意选择一个单击。接下来就又来到了管理站点的界面，之后的步骤和方法三一样，这里就不再赘述。

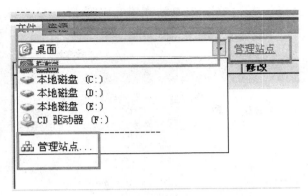

图 5 – 20   文件管理窗口

5.1.2   编辑站点

在使用 Dreamweaver 制作网页时，有时可能会因为某种原因而中途更换站点，这时应该怎么操作呢？下面介绍如何用 Dreamweaver 编辑站点。

1. 修改站点

首先打开 Dreamweaver，在菜单栏中找到"站点"／"管理站点"，如图 5 – 21 所示。

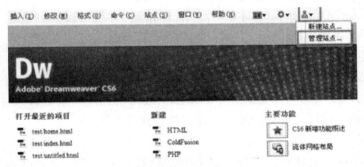

图 5 – 21   管理站点

接下来，打开"管理站点"对话框，选择需要修改的站点，如图 5 – 22 中的"duote"，选择站点后单击"编辑"图标，如图 5 – 22 所示。

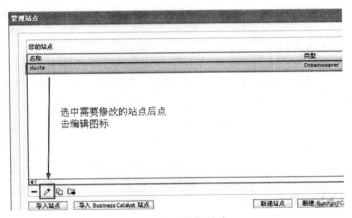

图 5 – 22   选择站点

此时就可以在"站点设置对象"中对站点进行各项修改与编辑了，界面如图 5 – 23 所示。

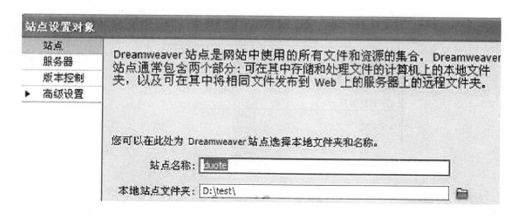

图 5 – 23　依次编辑站点

2. 复制和删除站点

在对其他网站进行操作时，可以直接复制其他网站的设置，或对无用的站点进行删除，以减轻相应的工作量。下面介绍下它们的具体操作方法。

打开 Dreamweaver 后，单击"站点"/"管理站点"，就可以很方便地对之前建立过的站点进行复制或删除操作了。

1）复制站点

打开"管理站点"对话框，在弹出的列表框中选择需要进行复制的站点项，然后单击"复制"按钮就可以复制站点。复制过来的站点一般需要经过一定的修改才能用作新站点。单击"编辑"按钮，就可以对复制过来的站点进行修改操作了。

2）删除站点

打开"管理站点"对话框，在列表框中可以看到本机中已经建立好的各个网站站点的列表，在列表中选中待删除的站点，单击"删除"按钮，然后在弹出的对话框中单击"是"按钮进行确定，即可删除该网站站点。

注意：在这个操作中，删除的只是 Dreamweaver 中的站点设置，而不是站点中的网页和各类素材文件。

5.1.3　导入与导出站点

通常，制作网站时会用 Dreamweaver 新建站点，来完成各项制作工作，但有时建设完站点之后，需要在别的计算机上继续完成后续工作，那么如何导入或者导出原站点呢？下面介绍相关操作。

（1）首先，需要注意：导出的站点一定要和相关文件存放在一起。

（2）接下来，要确保新的计算机里面有 Dreamweaver 程序文件（图 5 – 24），若没有，可以在网站下载一个最新的程序，并安装使用。

图 5 - 24   Dreamweaver 程序文件

（3）进入 Dreamweaver 之后，单击"HTML"，新建一个空白文档，如图 5 - 25 所示。

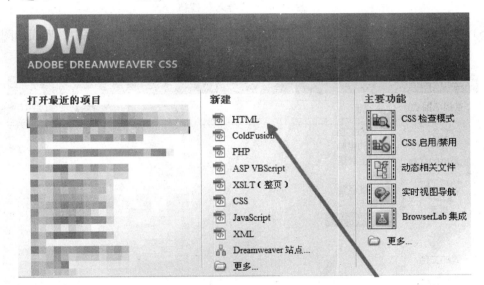

图 5 - 25   新建 HTML 文档

（4）单击"站点"，如图 5 - 26 所示。

图 5 - 26   打开站点

（5）单击"站点"之后，再单击"管理站点"选项。打开新的对话面板后，单击"导入"按钮，如图5－27所示。

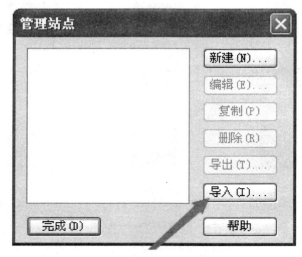

图5－27　"导入"按钮

（6）接下来选择之前导出的文件，单击选中相关文件之后导入到程序中，界面如图5－28所示。

图5－28　选择待导入的文件

（7）成功导入到 Dreamweaver 程序中之后，就可以进行导出操作，界面如图5－29所示。

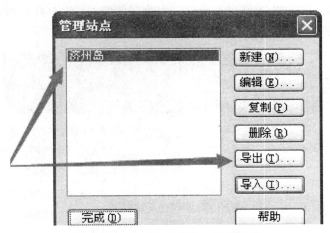

图 5-29 完成站点导入，并可导出

（8）导入成功后的界面如图 5-30 所示。

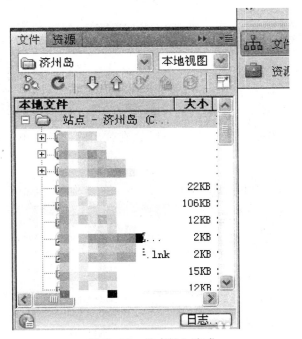

图 5-30 站点导入完成

5.2　文件管理

5.2.1　添加文件或文件夹

　　制作网站时，既需要各类网页文件，也需要各类素材文件的索引。通过 Dreamweaver，可以更好地创建、删除、复制、移动和管理这些文件及文件夹。

　　1. 新建文件或文件夹

　　（1）方法一：在 Dreamweaver 打开界面进行新建操作。

在桌面双击 Dreamweaver 图标打开软件，在欢迎界面中，选择中间的"新建"栏，然后选中具体的文件格式，一般默认为 HTML 格式。如图 5－31 所示。

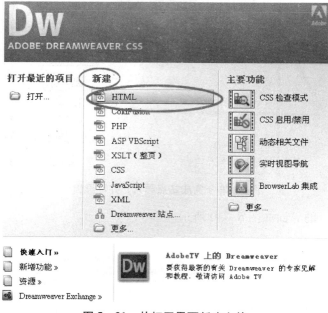

图 5－31　从打开界面新建文件

（2）方法二：通过菜单新建文件。

在 Dreamweaver 工作界面中，选择"文件"，在弹出的二级菜单中选择"HTML"，如图 5－32 所示。

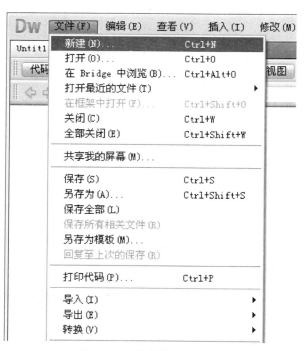

图 5－32　从菜单新建文件

（2）接下来，在弹出来的"新建文档"窗口中，分别选择"页面类型"和"布局"，然后单击"创建"按钮即可，如图 5 - 33 所示。

图 5 - 33　选择页面类型和布局

（3）方法三：通过站点新建文件或文件夹。

①新建文件。

a. 在 Dreamweaver 的工作界面中，在右下角找到"站点管理"，在站点名上单击鼠标右键，弹出一个菜单，选择"新建文件"，如图 5 - 34 所示。

图 5 - 34　从站点上新建文件

b. 在当前选定站点下，会生成一个名为"untitled. html"的 HTML 格式的文件，如图 5-35所示。

图 5-35　新建成的文件

c. 选中新生成的文件，进行改名，如图 5-36 所示。

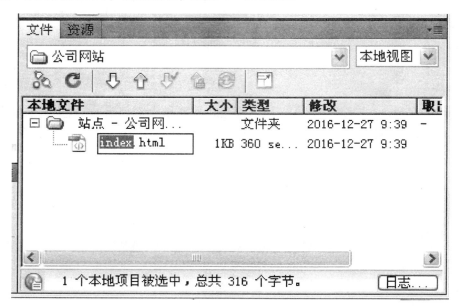

图 5-36　文件改名

②新建文件夹。

a. 如同创新文件的操作，在站点上单击鼠标右键，选择"新建文件夹"，如图 5-37 所示。

b. 在当前选定站点下，会生成一个名为"untitled"的文件夹，如图 5-38 所示。

图 5 – 37   新建文件夹

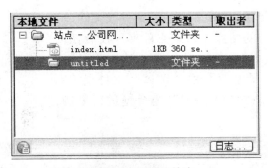

图 5 – 38   生成文件夹

c. 选中新生成的文件夹，进行改名，如图 5 – 39 所示。

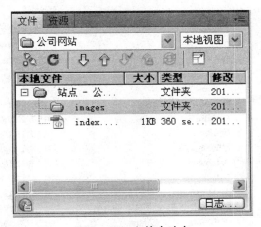

图 5 – 39   文件夹改名

③文件和文件夹命名说明。

在 Dreamweaver 中，软件会对新生成的文件或文件夹进行自动命名，一般为"untitled"。不建议使用默认文件名，因为这种命名方式会造成文件识别混乱，在以后的索引、查找、链接中都会极不方便。

在文件的命名中，本书给予读者以下建议：

a. 文件和文件夹的命名尽量不要使用中文。Dreamweaver 支持中文，但有时兼容性不是很好，在索引和链接过程中有时会出现乱码现象，故能用字符格式尽量不要使用中文。

b. 命名以"字母 + 数字 + 下划线"为主。

c. 所用的名称要通俗易懂，不能出现"A. HTML""B. HTML""1. HTML""2. HTML"等随意命名现象。

d. 最好依据用途来命名。如用来存放图片的文件夹，一定要让人能看明白是专门用来存放图像文件的。英文好的，可以用英文来进行命名，如"images"，或采用能看明白的简写，如"img"；英文不好的，可以用拼音，如"tupian"，或用自己能看明白的拼音首字母缩写，如"TP"。

2. 移入已有的文件或文件夹

（1）方法一：往站点目录中复制相应的文件或文件夹。

①建立名为"测试"的站点，站点文件夹下没有任何文件，如图 5 - 40 所示。

②假设配置的站点目录是 D 盘的"测试"文件夹，则首先选定要添加的文件，按"Ctrl + C"组合键进行复制，如图 5 - 41 所示。

图 5 - 40　空站点

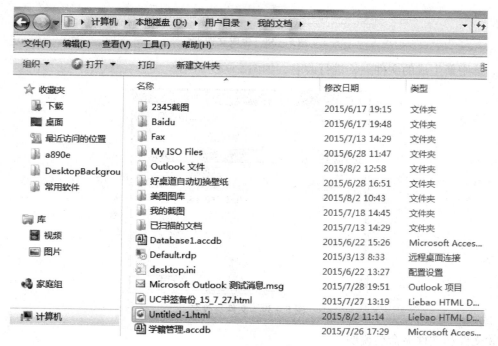

图 5 - 41　文件夹

③打开 D 盘的"测试"文件夹，按"Ctrl + V"组合键进行粘贴，如图 5 - 42 所示。

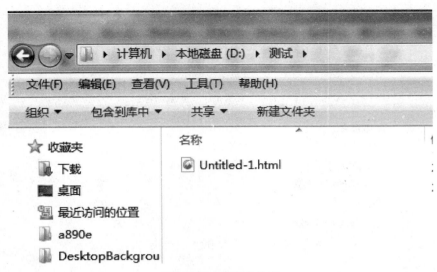

图 5 – 42　充实文件夹

④返回 Dreamweaver 窗口，如果新建站点的时候已经勾选"刷新本地文件"项目，这样拖进去的文件会立刻刷新显示出来，如果没有，单击文件窗口中的刷新按钮即可，如图 5 – 43 所示。

图 5 – 43　刷新站点

（2）方法二：往站点中导入目录

①首先在磁盘上新建一个文件夹，并改名。将所有相关网页文件和文件夹都复制到一个新建的文件夹中，假设该文件夹即在 D 盘建立"测试"文件夹，如图 5 – 44 所示。

②启动 Dreamweaver，单击"站点"菜单，单击"新建站点"命令。

③为站点命名，URL 可暂不填写，单击"下一步"按钮，如图 5 – 45 所示。

④根据实际决定是否采用服务器技术，单击"下一步"按钮，如图 5 – 46 所示。

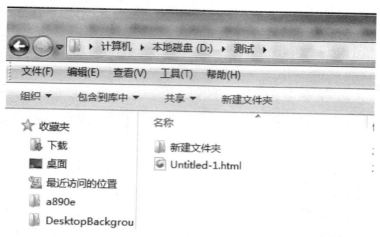

图 5-44　"测试"文件夹

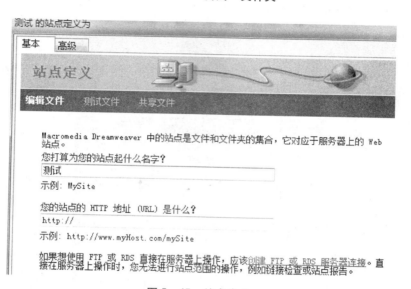

图 5-45　站点命名

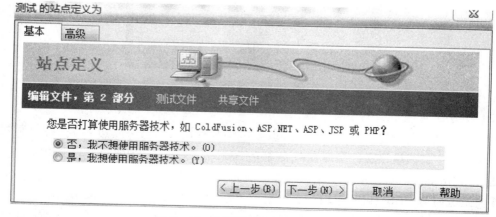

图 5-46　选择是否使用服务器技术

⑤单击后端文件夹按钮，选择预备的 D 盘中的"测试"文件夹，如图 5－47 所示。

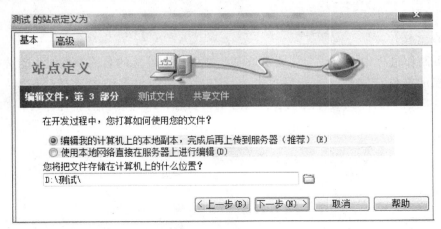

图 5－47 选择目录

⑥如暂时不需在服务器上调试，选择"无"，单击"下一步"按钮，如图 5－48 所示。

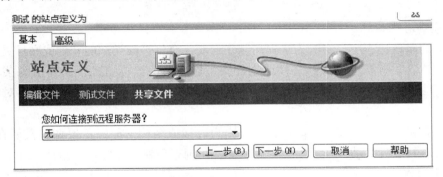

图 5－48 选择是否连接服务器

⑦单击"完成"按钮，即可完成往站点中的添加目录的操作。如图 5－49 所示。

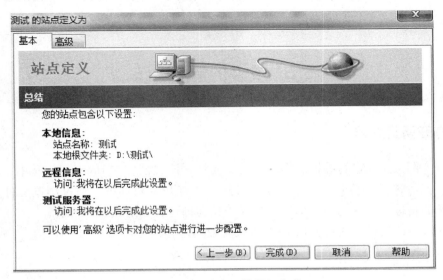

图 5－49 站点文件导入完成

5.2.2 编辑文件和文件夹

1. 重命名操作

在网页制作过程中，有时会需要更改某些文件或文件夹的名称。此时，首先选中需要进行重命名的文件或文件夹，然后单击鼠标右键，在弹出菜单中选择"编辑"/"重命名"命令，随后，文件或文件夹就会进入可编辑状态，改写成新的名称即可，如图 5 - 50 所示。

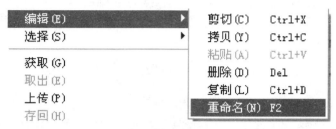

图 5 - 50 重命名文件/文件夹

2. 复制和移动操作

在网页的制作过程中，有时为了提高制作程度，会将页面类似的文件或文件夹进行复制然后修改，这时，只需选中目标文件或文件夹，然后单击鼠标右键，在弹出的菜单中选择"编辑"/"复制"命令即可在当前目录下生成一个相同的复制文件，然后就可对其进行修改了。

有时，在完成文件或文件夹的创建后，因为链接或结构的原因需要调整其所在的位置，这时就需要对其进行移动操作。为了提高效率，可通过复制操作完成相应的工作。

3. 删除操作

对于已经明确不再用的文件或文件夹，建议将其删除，以规范站点的文件结构。在进行删除操作时，首先选中待删除的文件或文件夹，然后单击鼠标右键，在弹出的菜单中选择"编辑"/"删除"命令即可。

5.3 文件的常规操作

5.3.1 打开网页文档

要对一个网页文档进行编辑制作，首先需要打开该文档。在 Dreamweaver 中，单击"文件"菜单，然后选择"打开"子菜单就可以打开"打开"对话框，通过浏览文件目录，找到需要打开的目标文档并选中，单击"打开"按钮即可，如图 5 - 51 所示。

该操作也可以通过快捷键"Ctrl + O"来实现。

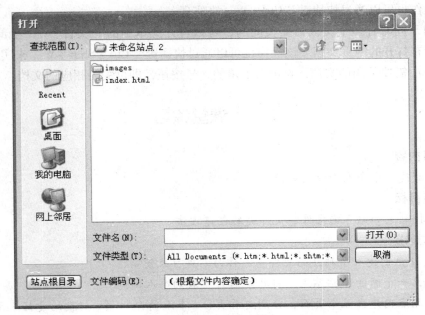

图 5-51　打开文档

5.3.2　保存网页文档

在进行网页制作的过程中，应及时进行保存，以最大限度地减小意外情况对工作的影响。

保存工作主要有 3 种操作方式：

（1）保存网页。在菜单栏中选择"文件"/"保存"，即可进行文档的保存。该工作也可以通过快捷键"Ctrl + S"来实现。

（2）另存为网页。在菜单栏中选择"文件"/"另存为"，即可在其他位置保存网页文档。该工作也可以通过快捷键"Ctrl + Shift + S"来实现。

（3）保存全部。如果同时打开了多个文档且对它们都需进行保存操作，逐个保存较烦琐，可以在菜单栏中选择"文件"/"保存全部"，来实现全部打开文件的保存。

操作技巧：

（1）如果一个文档发生操作变化后未及时进行保存，那么在页面的书签处的文件名后，会有一个小"*"号，以提示操作者及时进行保存工作，完成保存后"*"号消失。

（2）"保存"和"保存全部"是对原文件的操作；而"另存为"是按原文件的内容生成新的文件，有时我们也用来做内容或格式相同的新文件的复制生成来使用。

5.3.3　关闭网页文档

在相关网页文档的制作或编辑工作结束后，应该及时关闭文档来释放系统资源，以便更流畅地编辑其他文档或运行其他程序。

关闭网页文档主要有以下几种方法：

（1）选中需要关闭的文档，打开菜单中的"文件"/"关闭"命令就可以关闭相应的文档。该操作也可以通过快捷键"Ctrl + W"来实现。

（2）对于同时有多个文档需要关闭的，可以打开菜单中的"文件"／"全部关闭"命令来关闭所有打开的网页文档。该操作也可以通过快捷键"Ctrl + Shift + W"来实现。

（3）选中需要关闭的文档，点击右上角的叉号按钮，即可关闭相应的文档。

5.4　课堂练习

1. 练习内容

规划并创建一个个人网站的站点。

2. 练习目标

熟练掌握站点和站点内文件、文件夹的创建方法。

3. 具体要求

（1）在 D 盘创建一个独立的文件夹，作为站点目录使用。

（2）建立一个新的网站站点，将其命名为"我的个人网站"。

（3）在站点内建立五个页面，分别是首页、"个人简介"页、"我的爱好"页、"联系方式"页和"照片展示"页。并对各个页面进行适当的命名。

（4）在站点内建立两个文件夹，分别用来存放图片和 Flash 动画，并进行适当的命名。

第6章 制作文本页面

所谓文本，是指在计算机中可以进行处理和显示的各类字符数据的集合。文本是网页制作中最常用，也是应用最广泛的组成元素之一。任何一个内容充实、作用明确的网站都离不开文本内容的添加和编辑。本章着重介绍 Dreamweaver 中各类文本的操作方法。

6.1 文本的常规操作

6.1.1 在网页中输入文本

在网页中输入文本，主要有直接输入文本内容、从其他文档中复制文本和从其他文件导入文本 3 种方式。

1. 直接输入文本内容

（1）首先用鼠标单击网页编辑窗口中的拟输入文本的位置，在该位置处随即出现闪动的光标，标识输入文字的起始位置。

（2）接下来，选择适当的输入法输入文字即可，如图 6-1 所示。

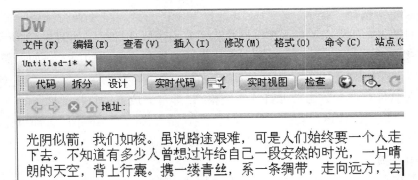

图 6-1 直接输入文本

2. 从其他文档中复制文本

有时，可以从其他文档中复制一些想要的文本内容。首先打开其他文档，选中待复制的内容，然后单击鼠标右键，在弹出的快捷菜单中选择"复制"命令，然后切换回 Dreamweaver 当中，在需要复制的地方单击光标进行位置确定，然后同样单击鼠标右键，在弹出的快捷菜单中选择"粘贴"命令即可完成文本的插入。

当然，也可以像在其他软件中一样，通过快捷键"Ctrl + C"实现文本复制功能，通过快捷键"Ctrl + V"实现文本粘贴功能。

3. 从其他文件中导入文本

在 Dreamweaver 中，有时可以直接从别的文件中导入一些有用的文本数据。首先，单击菜单栏中的"文件"项，然后选"导入"，再选择要导入的文件格式，在打开的文件窗口中，选择要导入的文件即可，如图 6-2 所示。

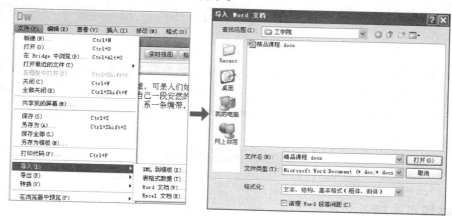

图 6-2 从文件中导入文本

6.1.2 添加特殊文本

1. 添加空格

在 Word 或记事本等其他文本编辑软件中添加空格，只需要敲击空格键（Space 键）即可。可是在 Dreamweaver 中单纯地多次敲击空格键却只能添加一个空格。

如果需要输入多个连续的空格可以通过以下几种方法来实现：

（1）在菜单中选择"插入"/"HTML"/"特殊字符"/"不换行空格"命令，即可完成一个空格的插入。如果需要插入多个空格，重复以上操作即可，如图 6-3 所示。

（2）直接按"Ctrl + Shift + Space"组合键即可完成一个空格的插入。如果需要插入多个空格，重复以上操作即可。

（3）设置软件首选参数为"允许连续空格"，即可完成连续空格的插入。

小技巧：可以将工作窗口切换到代码页，然后输入代码" "，即可完成一个空格的录入，重复该代码，即可完成多个空格的录入。

2. 添加日期时间

假如需要在文档的某一个位置处插入形式如"Friday, 2006 – 07 – 14 9：47 AM"所示的日期，且要求每次保存网页时都自动更新该日期，可通过以下操作实现相应的功能：

（1）切换到"常用"工具栏。

（2）按 Enter 键，添加一空行，将光标放置在空行与正文对齐的最左端。

（3）单击菜单中的"插入"→"日期"命令，或者单击"常用"工具栏的"日期"按钮，弹出"插入日期"对话框。

（4）在"插入日期"对话框中，在"星期格式"下拉表框中选取"Thursday"，在"日期格式"下拉列表框中选取"1974 – 03 – 07"，在"时间格式"下拉列表框选取"10：18PM"，选中"储存时自动更新"复选框，然后单击"确定"按钮，最后生成的日期效果为"Friday, 2006 – 07 – 14 9：47 AM"的形式。

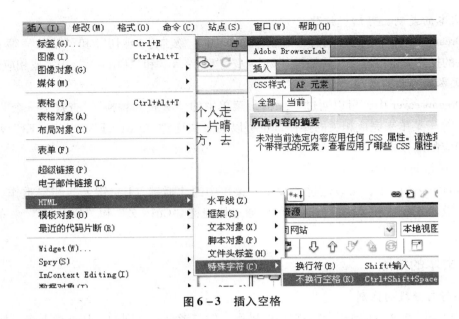

图 6-3 插入空格

（5）保存插入的日期。

3. 插入水平线

（1）将"插入"工具栏切换到"HTML"类型。

（2）将光标放置到标题最后一个字符的右边。

（3）单击"HTML 插入"工具栏的"水平线"按钮，即可向网页中标题与正文之间插入一条水平线。

4. 添加特殊字符

（1）通过菜单中的"插入"/"HTML"/"特殊字符"命令插入

先将光标放置到需要插入特殊字符的位置并单击确认，然后选择菜单中的"插入"/"HTML"/"特殊字符"命令，在"特殊字符"的级联菜单中选择需要插入的特殊字符。

（2）通过"文本插入"工具栏插入

在 Dreamweaver 的"插入"工具栏中选择"文本"，显示"文本插入"工具栏。

将光标放置到需要插入特殊字符的位置，然后单击工具栏中的"文本"，单击所需插入的特殊字符即可将其插入到网页中。

6.2 编辑文本格式

6.2.1 文本的常规编辑

可以像 Word 文档一样对网页中的文本进行编辑。

1. 文本的选中

在 Dreamweaver 中，可以通过拖动鼠标选中一个或多个文字、一行或多行文本，也可以选中网页中的全部文本。

2. 文本的删除

在 Dreamweaver 中，可以按 BackSpace 键或 Delete 键实现删除文本操作。

3. 文本的复制、剪切、粘贴

在 Dreamweaver 中，可以通过"编辑"菜单中的"复制""剪切"和"粘贴"等子菜单来完成相关的操作，也可以通过快捷键"Ctrl + C""Ctrl + X"和"Ctrl + V"来完成相应的操作。

4. 文本的查找与替换

在 Dreamweaver 中，可以通过"编辑"菜单中的"查找和替换""查找下一个"和"查找所选"等子菜单来完成相关的操作，也可以通过快捷键"Ctrl + F""Shift + F3"和"F3"来完成相应的操作。

5. 实现撤销或重作操作

在 Dreamweaver 中，可以通过"编辑"菜单中的"撤销（U）键入"和"重作（R）键入"等子菜单来完成相关的操作，也可以通过快捷键"Ctrl + Z"和"Ctrl + Y"来完成相应的操作。

6.2.2 文本的排版

1. 换行与分段的区别

换行和分段在文本的编辑中是常用的操作，但二者是有区别的，从外观上行，换行只是单纯地另起一行，而分段则增加一个空白行。从形式上讲，换行后的内容仍和原行内容属于同一段落，可以应用相同的样式，而分段的内容则可以应用其他样式。

2. 文本的换行与分段

在 Dreamweaver 中，换行和分段的操作主要有以下几种：

（1）可以通过敲击回车键来实现换行和分段。如果想要分段则按 Enter 键（隔一行），如果只是想要换行则按"Shift + Enter"组合键（不分段）。

（2）也可以将工作窗口切换到代码页，然后通过录入相应的 HTML 标签代码来控制换行和分段。

如果录入"< br >"或"< br／>"，则表示从这一位置开始换行。如果要连换多行，则多次录入该标签代码即可。

例如，在代码窗口的一段文字"光阴似箭，我们如梭"后录入"< br／>"，然后再切换回设计窗口，就会发现在这句话后另起了一行，如图 6 - 4 所示。

如果分别录入"< p >"和"</p >"将某部分文字包在一起，则表示该部分文字属于单独的一段。如果要实现多个分段排版，则多次录入该标签代码即可。

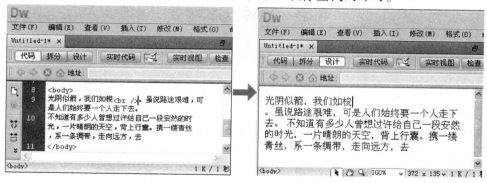

图 6 - 4　换行操作

3. 文本的加粗显示

通过对某些文本的加粗显示，可以实现对该内容的强调，所以加粗是文本排版中的常见操作。在 Dreamweaver 中，文本加粗主要有以下方法。

1）通过按钮进行加粗

用鼠标拖黑选中拟加粗的文字内容，然后在下方的属性面板中单击"B"字按钮，即可实现文本的加粗显示，如图 6－5 所示。

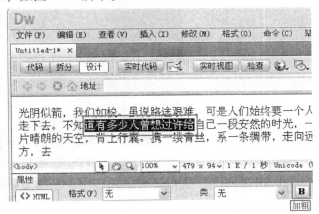

图 6－5　通过按钮实现文字加粗显示

2）通过 HTML 代码标签进行加粗

首先，把工作窗口切换到代码窗口，然后在拟加粗的文字前、后分别加上标签"＜B＞"和"＜/B＞"，即可实现文本的加粗显示。

可以用另一组标签"＜STRONG＞"和"＜/STRONG＞"来代替"＜B＞"和"＜/B＞"，这同样可以实现相同的文本加粗效果。

4. 文本的斜体显示

通过对某些文本的斜体显示，可以实现对该内容的强调，所以斜体显示是文本排版中的常见操作。在 Dreamweaver 中，文本的斜体显示主要有以下方法。

1）通过按钮进行斜体显示

首先，用鼠标拖黑选中拟进行斜体显示的文字内容，然后在下方的属性面板中单击"I"字按钮，即可实现文本的斜体显示，如图 6－6 所示。

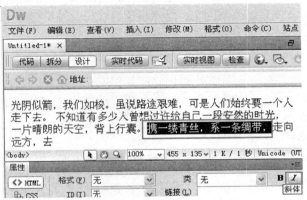

图 6－6　通过按钮实现文字的斜体显示

2）通过 HTML 代码标签进行斜体显示

首先，把工作窗口切换到代码窗口，然后在拟斜体显示的文字前、后分别加上标签"＜em＞"和"＜/em＞"，即可实现文本的斜体显示。

6.3 设置文字样式

文字是一个页面信息的最主要的组成部分，应用的字体效果，会让页面更加美观，使网页的结构更加清晰，阅读性更好。文字的设置，主要包括字体设置、大小设置和颜色设置三大部分，下面分别对其进行介绍。

6.3.1 设置文字字体

首先，把工作窗口切换到设计页面，然后选择要设置字体的文字，在其"属性"面板中的"字体"下拉列表框中选择需要使用的字体即可。具体的操作如下：

在 Dreamweaver 中选择需要设置字体的文字，单击"属性"面板中的"CSS"按钮，即可切换到样式表模式，然后在"字体"选择列表中选中一个字体，即可完成字体的设置，在设计页面中对选中的字体进行调用即可。

6.3.2 设置文字的大小

1. 通过 CSS 设置文字的大小

首先，将工作窗口切换到设计页面，然后鼠标拖黑选中拟改变大小的文字，点选下面属性面板中的类文件，通过附加已有的样式文件来更改文字的大小，如图6-7所示。

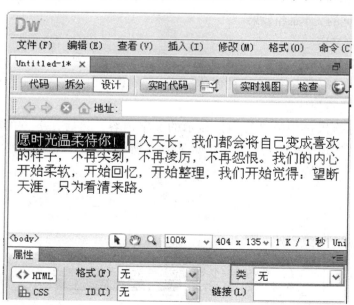

图6-7 通过 CSS 更改文字的大小

在设置字号时，其下拉列表框中除了用数字表示的文字大小外，一般还有"极大""中"和"大"等选项。其各项的对应字号如下：

XX – SMALL（极小）：系统允许的最小字号；

X_SMAIL（特小）：9～10 号字；

SMALL（小）：10～12 号字；

MEDIUM（中）：12～14 号字；

LARGE（大）：14～16 号字；

X-LARGE（特大）：16～18 号字；

XX-LARGE（极大）：24～36 号字；

SAMLLER（较小）：比原字号再缩小一点；

LARGER（较大）：比原字号再放大一点。

2. 通过标签来更改文字的大小

除了使用 CSS 外，也可以使用 <font> 标签对文字的大小和颜色等格式进行设置。操作方法如下：

首先将工作窗口切换到代码页面，然后找到拟改变大小的文字，在文字前方填写标签" <font size = " +5" >"，在文字的后方填写标签" </font >"。当把页面切换回设计页面时，就发现文字的大小已经发生改变了，如图 6 – 8 所示。

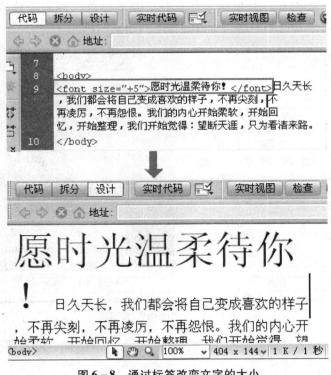

图 6 – 8 通过标签改变文字的大小

至于具体文字大小的增加或减小以多少为宜，可由网页设计者根据需要自由决定。

6.3.3 设置文字的颜色

1. 通过面板来设置文字的颜色

在 Dreamweaver 中，不仅可以进行字体和大小的设置，还可对文字进行相应的颜色设置，使页面的文字更加漂亮多姿。其具体的操作方法如下：

在设计窗口中，选择好需要设置颜色的文字，单击"属性"面板中的色块按钮，就可以打开一个颜色选择列表。这时会发现光标变成了吸取器的形状，可以在列表中单击所需颜色的色块来进行选择，如图 6-9 所示。

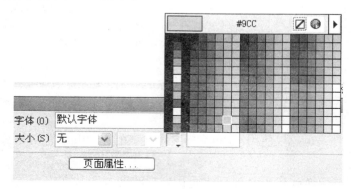

图 6-9 颜色选择列表

如果颜色列表框中的颜色不适合，还可以单击色块列表右上方的小色球图形的按钮，打开"颜色"对话框，如图 6-10 所示。首先在"基本颜色"列表中选取需要的基本色调，然后在右侧的同色系渐变色彩中选择所需的具体的细腻颜色。

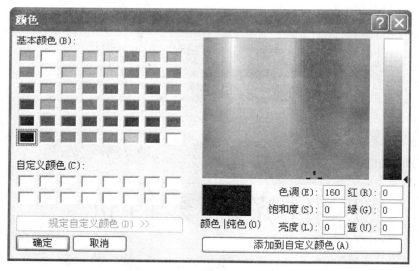

图 6-10 "颜色"对话框

选择好颜色后，单击"确定"按钮，关闭"颜色"对话框，设置便会立即生效，文字的颜色随之发生变化。

2. 通过标签来更改文字的颜色

利用标签更改文字颜色的方法与更改文字大小的方法类似，也是使用 < font > 标签来完成，不过标签属性变为"color = " 颜色值""。

首先，将工作窗口切换到代码页面，然后找到拟改变颜色的文字，在文字前方填写标签和属性即可。例如，假如在一段文字的前面加上" < font color = " #990000" > "，在文字的后方填写标签"</font>"。当把页面切换回设计页面时，就发现文字的颜色已经变为"#990000"所代表的红色了。

6.4 课堂练习

1. 练习内容

制作一个散文网页。

2. 练习目标

熟练掌握文字的各类编辑方法。

3. 具体要求

（1）新建一个站点，在站点中新建一个网页。

（2）在网页中复制进去一篇自己喜欢的散文。

（3）将散文标题进行字号加大、加粗显示。

（4）对散文正文进行合理的段落排版。

（5）散文每段前空两格。

（6）将标题的字体设为"隶书"，将正文的字体设为"幼圆"。

（7）将标题文字的颜色设为杏黄色，将正文文字的颜色设为墨绿色。

第7章 网页中图像的应用

7.1 网页图像常识

网页离不开图片的点缀。在网页中应用图片的方法，是很多网页制作新手都期待学习的重要内容。

7.1.1 矢量图与位图

1. 矢量图——完美的几何图形

矢量图是通过组成图形的一些基本元素，如点、线、面、边框、填充色等信息通过计算的方式来显示图形的。这就好比在几何学里面通过圆心位置和半径来描述圆，当然还可以通过边框的粗细、颜色以及填充的颜色等数据去描述其样式。电脑在显示的时候则通过这些数据去绘制人们定义的图像。

矢量图的优点在于文件相对较小，并且放大、缩小时不会失真。其缺点是这些完美的几何图形很难表现自然度高的写实图像。

需要强调的是，在 Web 页面上所使用的图像都是位图，即便有些称为矢量图形（如矢量 icon 等），其也是通过矢量工具进行绘制然后再转成位图格式在 Web 页网上使用的（区别于像素绘制的图形）。

2. 位图——神奇的拼图

位图又叫像素图或栅格图，它是通过记录图像中每一个点的颜色、深度、透明度等信息来存储和显示图像。一张位图就好比一幅大的拼图，只不过每个拼块都是一个纯色的像素点，当把这些不同颜色的像素点按照一定规律排列在一起的时候，就形成了人们所看到的图像。当放大一幅位图时，能看到这些拼片一样的像素点。

位图的优点是利于显示色彩层次丰富的写实图像。其缺点是文件较大，放大和缩小图像时会失真。

7.1.2 有损压缩和无损压缩

尽管人们在 Web 页面中所使用的 JPG、PNG、GIF 格式的图像都是位图，即它们都是通过记录像素点的数据来保存和显示图像，但这些不同格式的图像在记录这些数据时的方式却不一样，这涉及有损压缩和无损压缩的区别。

1. 有损压缩——看到的不一定是真实的

JPG 是最常见的采用有损压缩对图像信息进行处理的图片格式。JPG 在存储图像时会把图像分解成 8×8 像素的栅格，然后对每个栅格的数据进行压缩处理。当放大一幅图像的时候，会发现这些 8×8 像素栅格中很多细节信息被去除，而通过一些特殊算法用附近的颜色进行填充。这就是用 JPG 格式存储图像有时会产生块状模糊的原因。

2. 无损压缩——最精确的拼图

相对有损压缩无损压缩能真实地记录图像上每个像素点的数据信息，但为了压缩图像文件其会采取一些特殊的算法。无损压缩的压缩原理是先判断图像上哪些区域的颜色是相同的，哪些是不同的，然后把这些相同的数据信息进行压缩记录（例如对一片蓝色的天空只需要记录起点和终点的位置就可以了），而把不同的数据另外保存（例如天空上的白云和渐变等数据）。

PNG 是最常见的一种无损压缩的图片格式。无损压缩在存储图像前会先判断图像上哪些地方是相同的哪些地方是不同的，为此需要对图像上出现的所有颜色进行索引，这些颜色称为索引色。索引色就好比绘制这幅图像的"调色板"，PNG 格式在显示图像的时候会用"调色板"上的这些颜色去填充相应的位置。

7.1.3 网页常用的图像格式

1. GIF 图片格式

GIF 是一种调色板型（palette type）（或者说是索引型）的图片。它含有多达 256 种颜色。每一个像素点都有一个对应的颜色值。GIF 是一种无损压缩的格式，这意味着在修改并且保存图片的时候，它的质量不会有任何损耗。GIF 格式支持动画，如果有需要，就可以使用动画支持。GIF 支持透明度，透明度的值是一种布尔类型数据。GIF 图片里的一个像素要么完全透明，要么完全不透明。

2. PNG 图片格式

PNG 又分为 PNG-8 、PNG-24 两种，其中，PNG-8 与 GIF 类似，支持 256 色调色板，而 PNG-24 只支持 48 位真彩色，凡是 GIF 拥有的优势 PNG-8 都拥有，GIF 所没有的优势 PNG-8 也有，同样的文件，PNG-8 格式比 GIF 格式要小，PNG-8 的特点使得它在网站设计的切图环节深受网站设计师的喜爱。PNG 格式可以以任何颜色深度存储图像，也支持高级别的无损耗压缩，支持伽马校正，支持交错，得到最新 Web 浏览器的支持，能够提供长度比 GIF 格式小 30% 的无损压缩图像文件，最高支持 48 位真彩色图像以及 16 位灰度图像，可渐近显示和流式读写。其不足之处是较旧的浏览器和程序可能不支持 PNG 文件。

3. JPEG 图片格式

JPEG 是目前网络上最流行的图像格式，是可以把文件压缩到最小的格式。在 Photoshop 软件中以 JPEG 格式储存图像时，它提供 11 级压缩级别，以 0~10 级表示。其中 0 级压缩比最高，图像品质最差。即使采用细节几乎无损的 10 级质量保存时，压缩比也可达到 5∶1。经过多次比较，第 8 级压缩为存储空间与图像质量兼得的最佳比例。JPEG 格式的应用非常广泛，在网络读物和光盘读物上，都能找到它的身影。目前各类浏览器均支持 JPEG 格式，因为 JPEG 格式的文件尺寸较小，下载速度快。

7.2 在网页中插入前端图像

一个页面光有文本是无法吸引人的，插入图片会使页面更加生动。

为了保持良好的制作习惯，在站点所在目录"D：\ myweb"下建立一个名为"img"的文件夹，将主页中需要的图片都放在这个文件夹下。

可以用 PhotoShop、Fireworks 等图形工具处理好一些图片，将图片放在"img"文件夹下，为提高主页下载速度，可将图片存为 GIF 或 JPG 格式。

7.2.1 通过可视化工具插入图像

（1）打开 Dreamweaver 后，将光标移动到待插入图片的位置，单击一下，进行当前焦点确认。

（2）在 Dreamweaver 上方的菜单栏中单击"插入"菜单，在弹出的二级菜单中选择"图像"子菜单，如图 7-1 所示。

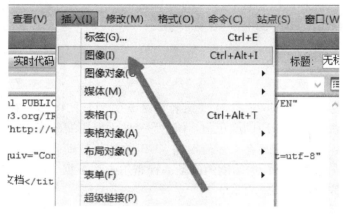

图 7-1　"插入"菜单

（3）在接下来弹出的选择图片窗口中，选择图片来源于文件系统，然后单击"确定"按钮。

（4）在弹出的浏览框中单击进入存放图片的目录，并通过浏览查找拟插入到网页中的图片。在浏览时，可以通过右侧的图像预览来确定该文件是否是需要的图片文件，如图 7-2 所示。

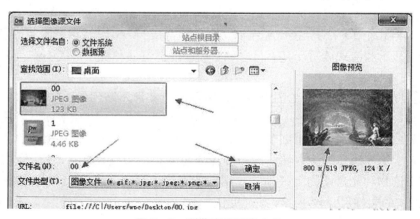

图 7-2　浏览查找图像文件

（5）选中需要的图片，单击"确定"按钮。

（6）如果选中的图片不在站点文件夹中，软件会弹出保存文档的提示，如图 7-3 所示，这时单击"确定"按钮，接下来把该图片文件复制到站点文件夹中。

图 7 – 3　保存文档提示

（7）在弹出的文件信息中，单击"确定"按钮。

（8）此时可发现，该图像已经插入到页面中了，如图 7 – 4 所示。

图 7 – 4　图像插入效果

7.2.2　通过标签插入图像

在制作网页时，可以使用 HTML 语言中的 < img > 标签将图像插入到网页中，从而达到美化页面的效果。

语法：< img src = " 图像文件的地址" >

说明：在该语法中，src 参数用来设置图像文件所在的路径，这一路径可以是相对路径，也可以是绝对路径。

实例代码如下：

< img src = " images/spacer. gif" >

7.3　图像的编辑与设置

1. 通过属性面板进行编辑与设置

在 Dreamweaver 的设计页面中，首先用鼠标点选拟修改的图片，然后下方的属性面板就会显示该图片的各类相关数据。可以通过修改这些数据来对图片进行编辑与设置。

2. 通过 HTML 标签进行编辑与设置

在 Dreamweaver 中，单击代码标签，将当前的工作页面切换至代码编写界面，然后通过对 < img > 标签进行属性配置，就能够实现不同的图像显示效果。

1）图像高度——height

通过 height 属性可以设置图片显示的高度，默认情况下，在改变高度的同时，其宽度也会等比例进行调整。

语法：< img src = " 图像文件的地址" height = 图像的高度 >

说明：在该语法中，图像的高度单位是像素。

2）图像宽度——width

图像宽度的属性与图像高度类似，同样是用来调整图像大小的。

语法：< img src = " 图像文件的地址" width = 图像的宽度 >

说明：在该语法中，图像的宽度单位是像素。如果在使用属性的过程中，只设置了高度或宽度，则另外一个参数会等比例变化。

3）图像边框——border

在默认情况下，页面中插入的图像是没有边框的，可以通过 border 属性为图像添加边框。

语法：< img src = " 图像文件的地址" border = " 图像边框的宽度" >

说明：border 的单位是像素。

4）图像水平间距——hspace

图像与文字之间的水平距离是可以通过 hspace 参数进行调整的。通过调整间距，可以使文字和图像的排版不那么拥挤，看上去更加协调。

语法：< img src = " 图像文件的地址" hspace = " 水平间距" >

说明：水平间距 hspace 属性的单位是像素。

5）图像垂直间距——vspace

垂直间距参数 vspace 用来调整图像与文字的垂直距离。

语法：< img src = " 图像文件的地址" vspace = " 垂直间距" >

说明：vspace 属性的单位是像素。

6）图像相对于文字基准线的对齐方式——align

图像和文字之间的排列方式可以通过 align 参数来调整。图像的绝对对齐方式与相对文字的对齐方式不同，绝对对齐方式包括左对齐、右对齐和居中对齐 3 种，而相对文字对齐方式则是指图像与一行文字的相对位置。

语法：< img src = " 图像文件的地址" align = " 相对文字的对齐方式" >

7）图像的说明文字——alt

当图像没有装载到浏览器上时，就会显示添加的说明文字，而即便在图像正常显示之后，把鼠标停留在图像上方时也会显示提示文字，这一功能通过 alt 属性来实现。

　　语法：< img src = " 图像文字的地址" alt = " 提示文字的内容" >

7.4　在网页中插入背景图像

　　在 Dreamweaver 中把一个漂亮的图片设置为页面背景是常用的设计技巧。对于一个新手来说，如何在 Dreamweaver CS6 中设置网站的背景图片呢？下面说明其设置步骤。

　　（1）打开 Dreamweaver CS6 应用软件后，单击欢迎屏幕上"新建"项下的"HTML"，如图 7 - 5 所示。

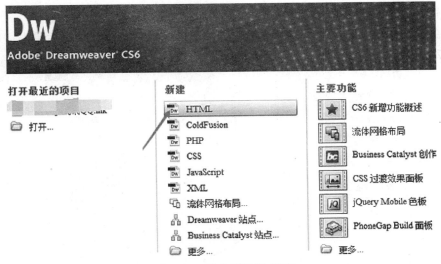

图 7 - 5　新建 HTML 网页

　　新建 HTML 页面后，单击菜单栏中的"文件"/"保存"命令，把新建的 HTML 页面保存好。

　　（2）保存好后，单击菜单栏中的"修改"命令，然后直接单击弹出菜单里的"页面属性"子菜单，如图 7 - 6、图 7 - 7 所示。

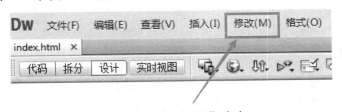

图 7 - 6　单击"修改"命令

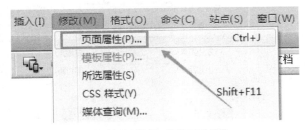

图 7 - 7　选择"页面属性"

（3）打开"页面属性"对话框后，选择"外观"，然后单击"背景图像"后面的"浏览"，选择背景图片，如图7-8所示。

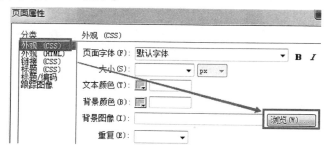

图7-8　选取外观

（4）在"选择图像源文件"对话框里，选择要设定的背景图片，然后单击"确定"按钮，如图7-9所示。

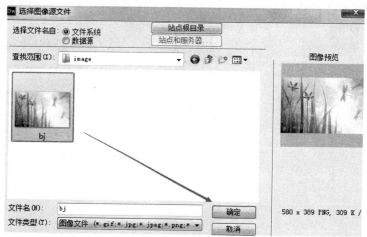

图7-9　选取图片

（5）设置背景图片后返回到"页面属性"对话框，此时可以看到"背景图像"处出现相应内容，单击"确定"按钮，如图7-10所示。

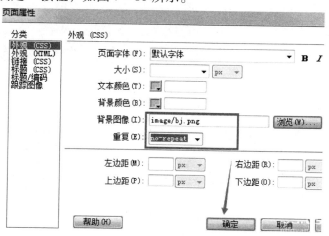

图7-10　选取图片路径

（6）背景图片添加成功，如图 7 – 11 所示。

图 7 – 11　效果图

7.5　课堂练习

1. 练习内容

制作一个旅游景点网站。

2. 练习目标

（1）熟练掌握插入图片的方法。

（2）熟练掌握图片的各类属性的设置方法。

3. 具体要求

（1）新建一个站点，将其命名为"旅游景点"。

（2）在站点中新建一个网页，作为首页。

（3）在首页中设置合适的背景图像。

（4）排列各景点的效果照片。

（5）使页面结构美观大方。

第8章 网页中影音多媒体的应用

8.1 多媒体常识

多媒体的应用领域已涉及广告、艺术、教育、娱乐、工程、医药、商业及科学研究等行业。它成为计算机应用的一个重要元素。多媒体的应用，让网络世界变得更加精彩。

8.1.1 什么是多媒体

1. 多媒体的定义

多媒体（multimedia）是多种媒体的综合，一般包括文本、声音和图像等多种媒体形式。

在计算机系统中，多媒体指组合两种或两种以上媒体的一种人机交互式信息交流和传播媒体。其所使用的媒体包括文字、图片、声音、动画和影片，以及程序所提供的互动功能。

多媒体是超媒体（hypermedia）系统中的一个子集，而超媒体系统是使用超链接（hyperlink）构成的全球信息系统，全球信息系统是因特网上使用 TCP/IP 协议和 UDP/IP 协议的应用系统。二维的多媒体网页使用 HTML、XML 等语言编写，三维的多媒体网页使用 VRML 等语言编写。许多多媒体作品通过光盘发行，以后将更多地通过网络发行。

2. 多媒体技术

当前应用于互联网的多媒体关键技术，主要有以下 6 种：

（1）多媒体数据压缩/解压缩技术。数据压缩算法分为无损压缩和有损压缩两种，无损压缩适用于重构的信号与原始的信号完全相同的场合，常见的例子就是磁盘文件的压缩，其要求还原后不能有任何差错。有损压缩指的是重构的信号和原始的信号不是完全一样的，对图像、声音、视频都可以采用有损压缩。

（2）超大规模集成电路（VLSI）芯片技术。

（3）大容量光盘储存技术。比较流行的载体有 CD-ROM 光盘（约 700M）、DVD 光盘（单层面的 DVD 为 4.7GB，双层面的可达 17GB）、闪盘（最大的达 64GB）。

（4）多媒体网络通信技术。

（5）多媒体系统软件技术。

（6）多媒体流技术。其主要体现为影音视频的在线播放功能。

3. 多媒体文件的类型

1）文本

文本是以文字和各种专用符号表达的信息形式，它是现实生活中使用得最多的一种信息存储和传递方式。用文本表达信息给人充分的想象空间，它主要用于对知识的描述性表示，如阐述概念、定义、原理和问题以及显示标题、菜单等内容。

2）图像

图像是多媒体软件中最重要的信息表现形式之一，它是决定一个多媒体软件视觉效果的关键因素。

3）动画

动画是利用人的视觉暂留特性，快速播放一系列连续运动变化的图形图像，也包括画面的缩放、旋转、变换、淡入淡出等特殊效果。通过动画可以把抽象的内容形象化，使许多令人难以理解的内容变得生动有趣。合理使用动画可以达到事半功倍的效果。

4）声音

声音是人们用来传递信息、交流感情的最方便、最熟悉的方式之一。

5）视频影像

视频影像具有时序性与丰富的信息内涵，常用于交代事物的发展过程。视频非常类似于电影和电视，它有声有色，在多媒体中扮演者重要的角色。

本章重点介绍网页中动画、声音和视频的应用技巧。

8.1.2　网页中支持的影音多媒体格式

1. 网页中支持的动画格式

动画，广义上是指所有可以活动的图片效果。动画通过以每秒 15～20 帧的速度（相当接近全运动视频帧速）顺序地播放静止图像帧以产生运动的错觉。因为眼睛能足够长时间地保留图像以允许大脑以连续的序列把帧连接起来，所以能够产生运动的错觉。可以通过在显示时改变图像来生成简单的动画。

动画也应算是视频的一种。

但在网页设计中，通常所说的动画一般主要是指 Flash 动画。动画常见的格式有 SWF 格式和 FLV 格式。

1）SWF 格式

SWF（Shock Wave Flash）是 Macromedia（现已被 Adobe 公司收购）公司的动画设计软件 Flash 的专用格式，被广泛应用于网页设计、动画制作等领域，SWF 文件通常也被称为 Flash 文件。SWF 普及程度很高，现在超过 99% 的网络使用者都可以读取 SWF 档案。这个档案格式由 FutureWave 创建，后来因一个主要的目标而受到 Macromedia 公司的支援：创作小档案以播放动画。计划理念是可以在任何操作系统和浏览器中进行，并让网络较慢的人也能顺利浏览。SWF 文件可以用 Adobe Flash Player 打开，浏览器必须安装 Adobe Flash Player 插件。

SWF 文件是基于矢量的 Flash 动画文件，一般用 Flash 软件创作并生成 SWF 文件格式，也可以通过相应软件将 PDF 等格式转换为 SWF 格式。SWF 文件广泛用于创建吸引人的应用程序，它们包含丰富的视频、声音、图形和动画。可以在 Flash 中创建原始内容或者从其他 Adobe 应用程序（如 Photoshop 或 Illustrator）导入，快速设计简单的动画，以及使用 Adobe AcitonScript 3.0 开发高级的交互式项目。设计人员和开发人员可使用它来创建演示文稿、应用程序和其他允许用户交互的内容。Flash 可以包含简单的动画、视频内容，复杂的演示文稿和应用程序以及介于它们之间的任何内容。通常，使用 Flash 创作的各个内容单元称为应用程序，即使它们可能只是很简单的动画。也可以通过添加图片、声音、视频和特殊效果，构建包含丰富媒体元素的 Flash 应用程序。

2）FLV 格式

FLV 是"Flash Video"的简称，FLV 流媒体格式是随着 Flash MX 的推出发展而来的视频格式。由它形成的文件极小、加载速度极快，这使通过网络观看视频文件成为可能，它的出现有效地解决了视频文件导入 Flash 后，导出的 SWF 文件体积庞大，不能在网络上很好地使用等问题。

FLV 被众多新一代视频分享网站所采用，是目前增长最快、使用最为广泛的视频传播格式。它是在 Sorenson 公司的压缩算法的基础上开发出来的。FLV 格式不仅可以轻松地导入 Flash 中，并且能起到保护版权的作用，还可以不通过本地的微软公司软件或者 Real 播放器播放视频。

3）SWF 格式和 FLV 格式的区别

SWF 格式和 FLV 格式虽然都可以用于网页中的动画播放，但二者在原理和应用方法上还是有所不同的。

FLV 是流媒体，而 SWF 不是流媒体。所谓流媒体，就是可以在网络上边缓冲边播放的媒体文件。虽然两者都可以由 Flash 来创建，但是前者只属于一般的视频，通常只是让观众进行观看的，而后者可以置入 AS 程序代码，可以与用户进行互动，比如 Flash 小游戏就是 SWF 格式的，用户可以控制游戏里事先设定的可控制按钮。这一点 FLV 是办不到的。FLV 多用于网络视频，SWF 多用于网页装饰，SWF 也可以用于互动程序和动画的展示。

2. 网页中支持的音频格式

音频是个专业术语，人类能够听到的所有声音都称为音频。声音被录制下来以后，无论是说话声、歌声、乐器声都可以通过数字音乐软件处理，或是把它们制作成 CD。音频只是储存在计算机里的声音。如果有计算机再加上相应的音频卡——就是人们经常说的声卡——我们可以把所有的声音录制下来，声音的声学特性，如声音的高低等，都可以用计算机硬盘文件储存下来。反过来，也可以把储存下来的音频文件用一定的音频程序播放，还原以前录下的声音。

为了网页页面的效果更加丰富，可以在页面中插入和应用一些音频文件。

计算机系统支持在网页中应用的音频格式如下：

（1）WAVE，扩展名为 WAV。

该格式记录声音的波形，故只要采样率高、采样字节长、机器速度快，利用该格式记录的声音文件能够和原声基本一致，质量非常高，但这样做的代价是文件太大。

（2）MOD，扩展名为 MOD、ST3、XT、S3M、FAR、669 等。

该格式的文件里存放乐谱和乐曲使用的各种音色样本，具有回放效果明确、音色种类无限等优点。它也有一些致命弱点，以至于目前已经逐渐被淘汰，只有 MOD 迷及一些游戏程序中尚在使用此格式的音频。

（3）MPEG-1layer 3，扩展名为 MP3。

这是现在最流行的声音文件格式，其压缩率大，在网络可视电话通信方面应用广泛，但和 CD 唱片相比，其音质不能令人非常满意。

（4）Real Audio，扩展名为 RA。

这种格式可谓"网络的灵魂"，强大的压缩量和极小的失真使其在众多音频格式中脱颖而出。和 MP3 相同，它也是为了解决网络传输带宽资源而设计的，因此其主要目标是压缩比和容错性，其次才是音质。

（5）Creative Musical Format，扩展名为 CMF。

这是 Creative 公司的专用音乐格式，和 MIDI 差不多，只是音色、效果上有些特色，专用于 FM 声卡，但其兼容性很差。

（6）CD Audio，扩展名为 CDA。

这是唱片所采用的格式，又叫"红皮书"格式，记录的是波形流。其缺点是无法编辑，文件长度太大。

（7）MIDI，扩展名为 MID。

这是最成熟的音乐格式，实际上已经成为一种产业标准，其科学性、兼容性、复杂程度等各方面远远超过前面介绍的所有标准（除交响乐 CD、Unplug CD 外，其他 CD 都是利用 MIDI 制作出来的），它的 General MIDI 就是最常见的通行标准。作为音乐工业的数据通信标准，MIDI 能指挥各音乐设备的运转，而且具有统一的标准格式，能够模仿原始乐器的各种演奏技巧，甚至人类无法演奏的效果，而且文件的长度非常小。

有的音频格式文件可以在网页中直接播放，有的则需要下载一定的播放插件才能够流畅播放。

3. 网页中支持的视频格式

视频（video）泛指将一系列静态影像以电信号的方式加以捕捉、记录、处理、储存、传送与重现的各种技术。连续的图像变化每秒超过 24 帧（frame）画面以上时，根据视觉暂留原理，人眼无法辨别单幅的静态画面，看上去是平滑连续的视觉效果，这样连续的画面叫作视频。视频技术最早是为了电视系统而发展的，但现在已经发展为各种不同的格式以为消费者记录之用。网络技术的发展促使视频的记录片段以串流媒体的形式存在于因特网上并可被计算机接收与播放。视频与电影属于不同的技术，后者是利用照相术将动态的影像捕捉为一系列静态照片。

计算机系统支持的、可以在网页中应用的视频格式如下。

1）MPEG/MPG/DAT 格式

MPEG 是"Motion Picture Experts Group"的缩写，包括了 MPEG-1、MPEG-2 和 MPEG-4 多种视频格式在内。MPEG-1 被广泛地应用在 VCD 的制作和一些下载视频片段的网络应用上面，大部分 VCD 都是用 MPEG 1 格式压缩的（刻录软件自动将 MPEG-1 转为 DAT 格式），使用 MPEG-1 的压缩算法，可以把一部 120 分钟的电影压缩到 1.2 GB 左右。MPEG-2 则应用于 DVD 的制作，同时也用于一些 HDTV（高清晰电视广播）和一些高要求视频的编辑、处理。使用 MPEG-2 的压缩算法可以将一部 120 分钟长的电影可以压缩到 5~8GB（MPEG 2 的图像质量远远高于 MPEG-1）。

2）AVI 格式

AVI（Audio Video Interleaved）是由微软公司推出的视频音频交错格式（视频和音频交织在一起同步播放），是一种桌面系统上的低成本、低分辨率的视频格式。它的一个重要的特点是具有可伸缩性，其性能依赖于硬件设备。它的优点是可以跨多个平台使用，它的缺点是占用空间大。

3）RA/RM/RAM 格式

RM 是 Real Networks 公司所制定的音频/视频压缩规范 Real Media 中的一种，Real Player 能做的就是利用 Internet 资源对这些符合 Real Media 技术规范的音频/视频进行实况转播。在

Real Media 规范中主要包括 3 类文件：RealAudio、Real Video 和 Real Flash（Real Networks 公司与 Macromedia 公司合作推出的新一代高压缩比动画格式）。Real Video（RA、RAM）格式由一开始就定位在视频流应用方面。它可以在用 56K MODEM 拨号上网的条件下实现不间断的视频播放，可是其图像质量比 VCD 差些。

4）MOV 格式

Quick Time 是 Apple 公司用于 Mac 计算机的一种图像视频处理软件。Quick-Time 提供了两种标准图像和数字视频格式，即静态的 PIC 和 JPG 图像格式、动态的基于 Indeo 压缩算法的 MOV 视频格式和基于 MPEG 压缩算法的 MPG 视频格式。

5）ASF 格式

ASF 是"Advanced Streaming Format"（高级串流格式）的缩写，是微软公司为 Windows 98 所开发的串流多媒体文件格式。ASF 当前可与 WMA 及 WMV 互换使用。

ASF 是一个开放标准，它能依靠多种协议在多种网络环境下支持数据的传送。同 JPG、MPG 一样，ASF 也是一种文件类型，它是专为在 IP 网上传送有同步关系的多媒体数据而设计的，所以 ASF 格式的信息特别适合在 IP 网上传输。ASF 文件既可以是普通文件，也可以是一个由编码设备实时生成的连续的数据流，所以 ASF 既可以传送人们事先录制好的节目，也可以传送实时产生的节目。

ASF 用于排列、组织、同步多媒体数据以利于网络传输。ASF 是一种数据格式，它也可用于指定实况演示。ASF 最适于通过网络发送多媒体流，也同样适于在本地播放。任何压缩/解压缩运算法则（编、解码器）都可用来编码 ASF 流。

Windows Media Service 的核心是 ASF。音频、视频、图像以及控制命令脚本等多媒体信息通过 ASF 格式，以网络数据包的形式传输，实现流式多媒体内容的发布。其中，在网络上传输的内容就称为 ASF Stream。ASF 支持任意的压缩/解压缩编码方式，并可以使用任何一种底层网络传输协议，具有很大的灵活性。

Microsoft Media Player 是能播放几乎所有多媒体文件的播放器，支持 ASF 在 Internet 上的流文件格式，可以一边下载一边实时播放。

6）WMV 格式

NMV 是一种独立于编码方式的、在 Internet 上实时传播多媒体的技术标准，微软公司希望用其取代 Quick Time 之类的技术标准以及 WAV、AVI 之类的文件扩展名。WMV 的主要优点在于：可扩充的媒体类型、本地或网络回放、可伸缩的媒体类型、流的优先级化、多语言支持、扩展性等。

7）nAVI 格式

nAVI 是"new AVI"的缩写，是一个名为 Shadow Realm 的地下组织发展起来的一种新视频格式。它是由 Microsoft ASF 压缩算法修改而来的（并不是想象中的 AVI）。视频格式追求的无非是压缩率和图像质量，所以 nAVI 为了追求这个目标，改善了原始的 ASF 格式的一些不足，让 NAVI 可以拥有更高的帧率。可以这样说，nAVI 是一种去掉视频流特性的改良型 ASF 格式。

8）DivX 格式

DivX 是由 MPEG-4 衍生出来的另一种视频编码（压缩）标准，也即通常所说的 DVDrip 格式，它采用了 MPEG 4 的压缩算法，同时综合了 MPEG-4 与 MP3 各方面的技术，也就是使用 DivX 压缩技术对 DVD 盘片的视频图像进行高质量压缩，同时用 MP3 或 AC3 对音频进行压缩，然后再将视频与音频合成并加上相应的外挂字幕文件而形成的视频格式。其画质直逼 DVD 并且体积只有 DVD 的数分之一。这种编码方式对机器的要求不高，所以 DivX 视频编码技术可以说是一种对 DVD 造成最大威胁的新生视频压缩格式，号称 "DVD 杀手" 或 "DVD 终结者"。

9）RMVB 格式

RMVB 是一种由 RM 视频格式升级延伸出的新视频格式，它的先进之处在于打破了原先 RM 格式那种平均压缩采样的方式，在保证平均压缩比的基础上合理利用比特率资源，也就是对静止和动作场面少的画面场景采用较低的编码速率，以留出更多的带宽空间，而这些带宽会在出现快速运动的画面场景时被利用。这样在保证静止画面质量的前提下，大幅地提高了运动图像的画面质量，从而使图像质量和文件大小之间达到了微妙的平衡。另外，相对于 DVDrip 格式，RMVB 视频也有较明显的优势。一部大小为 700MB 左右的 DVD 影片，如果将其转录成同样视听品质的 RMVB 格式，最多只有 400MB 左右。不仅如此，这种视频格式还具有内置字幕和无须外挂插件支持等独特优点。可以使用 RealOne Player2.0 或 RealPlayer8.0 加 RealVideo9.0 以上版本的解码器播放 RMVB 格式的视频。

10）F4V 格式

F4V 是 Adobe 公司为了迎接高清时代而继 FLV 格式后推出的支持 H.264 的流媒体格式。它和 FLV 的主要区别在于，FLV 格式采用的是 H.263 编码，而 F4V 则支持 H.264 编码的高清视频，码率最高可达 50Mbit/s。

主流的视频网站（如爱奇艺、土豆网、酷 6 网）都开始用 H.264 编码的 F4V 文件。H.264 编码的 F4V 文件，文件大小相同的情况下，其清晰度明显比 On2 VP6 和 H.263 编码的 FLV 文件要好。土豆网和 56 网发布的视频大多数为 F4V 格式，但下载后缀为 FLV，这也是 F4V 的特点之一。

11）MP4 格式

MP4（MPEG-4 Part 14）是一种常见的多媒体容器格式，它是在 "ISO/IEC 14496 - 14" 标准文件中定义的，属于 MPEG - 4 的一部分，是 "ISO/IEC 14496 - 12（MPEG - 4 Part 12 ISO base media file format）" 标准所定义的媒体格式的一种实现，后者定义了一种通用的媒体文件结构标准。MP4 是一种描述较为全面的容器格式，被认为可以在其中嵌入任何形式的数据，各种编码的视频、音频等。常见的大部分 MP4 文件存放的是 AVC（H.264）或 MPEG - 4（Part 2）编码的视频和 AAC 编码的音频。MP4 格式的官方文件后缀名是 ".mp4"，还有其他以 MP4 为基础进行扩展或者缩水的格式，如 M4V、3GP、F4V 等。

以上视频格式文件可以在网页中直接嵌套播放，有的则需要下载一定的播放插件才能够流畅播放。

8.2　在网页中插入 Flash 动画

Flash 是由 Macromedia 公司推出的交互式矢量图和 Web 动画的标准。做 Flash 动画的人被称为 "闪客"。网页设计者使用 Flash 可创作出既漂亮又可改变尺寸的导航界面以及其他奇特的效果。下面介绍如何在网页中应用 Flash 动画。

8.2.1　通过可视化工具插入 Flash 动画

（1）新建一个 HTML 空白页。

（2）将当前的工作界面切换至设计窗口。

（3）单击菜单栏中的"插入"，如图 8 - 1
所示。

图 8 - 1　单击"插入"

（4）在弹出的子菜单中选择"媒体"／"Flash"命令。

注意：在有的 Dreamweaver 版本中，"媒体"下的第三级子菜单中是把 Flash 动画的具体
格式显示出来，如"FLV"或"SWF"。如果是这种情况，也可以直接选择具体的格式选
项，如图 8 - 2 所示。

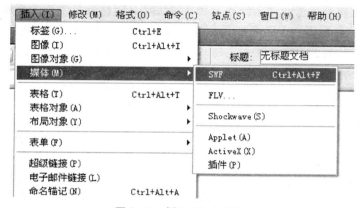

图 8 - 2　插入 Flash 媒体

5. 在弹出的文件浏览窗口中，选择需要插入的 Flash 动画文件，如图 8 - 3 所示。

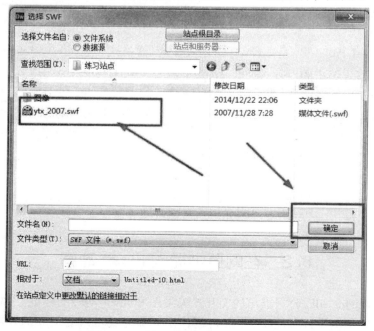

图 8 - 3　选择具体的 Flash 动画文件

（6）在弹出的文件信息窗口中输入要插入的 Flash 动画文件的标题，如图 8－4 所示。

注意：因为 Dreamweaver 是一款国外软件，对于中文字符的兼容有时会出一些小的误差，为了保证插入的 Flash 动画文件能够被准确地引用，建议在文件名和文件标题处优先使用英文字符。

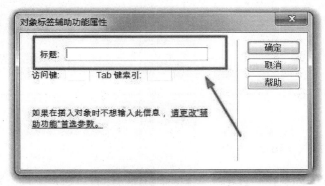

图 8－4　录入标题

（7）刚插入时，会在页面的插入区域出现一个灰色的对象体，这就是网页被浏览时将会显示的 Flash 动画。效果如图 8－5 所示。

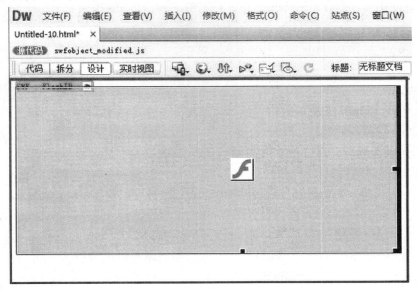

图 8－5　插入效果

（8）接下来，可以通过 Flash 的属性设置，实现最佳的显示效果，如图 8－6 所示。

图 8－6　属性设置

（9）把做好的网页在浏览器中打开（或者按 F12 键进行预览），即可查看 Flash 动画在网页中的播放效果了，如图 8-7 所示。

图 8-7　效果预览

8.2.2　通过标签插入 Flash 动画

通过 HTML 语言的标签在网页中插入 Flash 动画有两种方法，下面分别说明。

1. 方法一

（1）在 Dreamweaver CS6 中，将当前的工作界面切换到代码窗口；

（2）点选想要插入 Flash 动画的位置；

（3）通过使用 < embed > ... </ embed > 来实现 Flash 动画的插入。

举例：

< embed src = " 你的 flash. swf" width = " 600" > </ embed >

< embed src = " 你的 flash. swf" wmode = " window" > </ embed >

属性参数说明：

（1）src = url（Flash 路径）；

（2）width = 像素/百分比（Flash 宽度）；

（3）height = 像素/百分比（Flash 高度）。

小技巧：

< embed > ... </ embed > 标记会自动缩小动画，这时可以将 Flash 嵌入到 div 中，来实现对高度和宽度用 height 和 width 进行设置的目的。

2. 方法二

（1）在 Dreamweaver CS6 中，将当前的工作界面切换到代码窗口；

（2）点选想要插入 Flash 动画的位置；

（3）使用 < object > ... </ object > 标签插入 Flash 动画。

小技巧：

（1）通常情况下，选择使用 < object >、< param > 和 < embed > 3 组标签的组合应用来实现 Flash 动画的插入。

（2）这部分标签代码较多，手动录入可能会有误写的可能，所以也可以通过 DW 这个软件自动生成代码 < object >，方法是选择"插入"/"多媒体"/"选择文件"/"确定"命令。

属性参数说明：

（1）< object >：设置 Flash 的注册信息；

（2）width、height：设置宽度和高度；

（3）wmode：设置背景为透明格式显示。

举例：

< object classid = " clsid：D27CDB6E－AE6D－11cf－96B8－444553540000" codebase = " http：//download. macromedia. com/pub/shockwave/cabs/Flash/swFlash. cab # version = 6，0，29，0" width = " 700" height = " 500" >

< param name = " movie" value = http：//www. 88wan. com/sadfasfd/top. swf >

< param name = " wmode" value = " transparent" >

< embed src = " 地址" type = " application/x-shockwave-Flash" > < /embed >

< /object >

8.3　在网页中插入音频

在网页制作中，人们往往希望增加一些音响效果，浏览者一打开网页就会播放音效。插入音频主要有两种方法，一种是直接插入整个网页，使网页一被打开即播放；二是插入网页面板，这样可以对其进行控制。

8.3.1　通过可视化工具插入音频

（1）首先把页面切换到设计视图，然后在拟插入音频的位置或特定的容器中单击一下光标，使当前焦点定位到拟插入的位置。

（2）接下来，在菜单栏单击"插入"菜单（在有的 Dreamweaver 版本中，这里也可能显示为"插入视频"），然后选择"媒体"/"插件"命令，如图8-8所示。

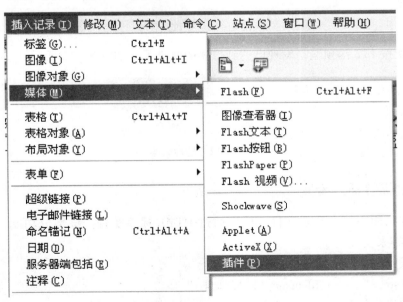

图8-8　打开"插入"菜单

（3）在打开的文件浏览窗口中，选择要插入的音频文件。插入后的效果如图 8 － 9 所示。

图 8 － 9　插入音频文件

（4）改变其宽度，按 F12 键预览，如图 8 － 10 所示。

图 8 － 10　预览音频

通过预览，发现这一个音频是直接播放的，有一些属性的设置还不尽如人意。

（5）更改音频属性。可以单击"参数"按钮，打开参数对话框，进行参数设置，如图 8 － 11 所示。比如"autostart"为"false"，就是不自动打开。当然还可以增加其他属性，这样音频就在网页中创建好了，可以通过控制条来控制音频的播放。

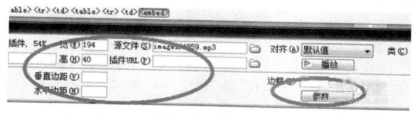

图 8 － 11　更改属性

（6）再次按 F12 键预览，发现已达到想要的效果了，如图 8 － 12 所示。

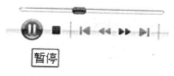

图 8 － 12　播放效果

8.3.2　通过标签插入音频

如果要在页面中加入音乐文件，可以通过 HTML 标签实现。该部分功能，主要是通过 < embed > 标签来实现的。

语法格式：

< embed src = "……/filename（歌曲地址）" >

属性参数说明如下。

1. 自动播放

语法：autostart = true/false

说明：该属性规定音频或视频文件是否在下载完之后就自动播放。①true：音乐文件在下载完之后自动播放；②false：音乐文件在下载完之后不自动播放。

2. 循环播放

语法：loop = 正整数/true/false

说明：该属性规定音频或视频文件是否循环及循环次数。属性值为正整数值时，音频或视频文件的循环次数与正整数值相同；属性值为 true 时，音频或视频文件循环；属性值为 false 时，音频或视频文件不循环。

3. 面板显示

语法：hidden = ture/no

说明：该属性规定控制面板是否显示，默认值为 no。

①ture：隐藏面板；②no：显示面板。

4. 开始时间

语法：starttime = mm：ss（分：秒）

说明：该属性规定音频或视频文件开始播放的时间。未定义则从文件开头播放。

5. 音量大小

语法：volume = 0 到 100 之间的整数

说明：该属性规定音频或视频文件的音量。未定义则使用系统本身的设定。

6. 容器属性

语法：height = # width = #

说明：取值为正整数或百分数，单位为像素。该属性规定控制面板的高度和宽度。

①height：控制面板的高度；②width：控制面板的宽度。

7. 容器单位

语法：units = pixels/en

说明：该属性指定高和宽的单位为 pixels 或 en。

8. 外观设置

语法：controls = console/smallconsole/playbutton/pausebutton/stopbutton/volumelever

说明：该属性控制面板的外观，默认值是 console。

①console：一般正常面板；②smallconsole：较小的面板；③playbutton：只显示播放按钮；④pausebutton：只显示暂停按钮；⑤stopbutton：只显示停止按钮；⑥volumelever：只显示音量调节按钮。

9. 对象名称

语法：name = #

说明："#"为对象的名称。该属性给对象取名，以便其他对象利用。

10. 说明文字

语法：title = #

说明："#"为说明的文字。该属性规定音频或视频文件的说明文字。

11. 前景色和背景色

语法：palette = color | color

说明：该属性表示嵌入的音频或视频文件的前景色和背景色，第一个值为前景色，第二个值为背景色，中间用"|"隔开。color 可以是 RGB 色（RRGGBB），也可以是颜色名，还可以是 transparent（透明）。

12. 对齐方式

语法：align = top/bottom/center/baseline/left/right/texttop/middle/absmiddle/absbottom

说明：该属性规定控制面板和当前行中的对象的对齐方式。

①center：控制面板居中；

②left：控制面板居左；

③right：控制面板居右；

④top：控制面板的顶部与当前行中的最高对象的顶部对齐；

⑤bottom：控制面板的底部与当前行中的对象的基线对齐；

⑥baseline：控制面板的底部与文本的基线对齐；

⑦texttop：控制面板的顶部与当前行中的最高的文字顶部对齐；

⑧middle：控制面板的中间与当前行的基线对齐；

⑨absmiddle：控制面板的中间与当前文本或对象的中间对齐；

⑩absbottom：控制面板的底部与文字的底部对齐。

小技巧：

< embed > 支持基本所有的媒体文件，有许多参数可以省略，这样就不必管它是什么格式的媒体文件。以下是简化了的格式：

< embed src = 音乐文件的 URL hidden = 布尔值 loop = 布尔值 autostart = 布尔值 widht = 数值 height = 数值 > </ embed >

其中，布尔值为 true 或 false，true 为真，false 为假。当 hidden = false 时，界面为不可见，那么，高与宽也就不用设置了，也就是到 autostart 即可。

8.3.3 在网页中插入背景音乐

对于个人站长来说，如何使自己的网站与众不同、充满个性，是其不懈努力的目标。除了尽量提高页面的视觉效果、互动功能以外，如果能在打开网页的同时，播放一曲优美动人的音乐，这会为网站增色不少。

为网页添加背景音乐主要是通过 HTML 语言中的 < bgsound > 标签来实现的。下面介绍它的具体用法。

（1）首先需要在 Dreamweaver 中打开需要添加背景音乐的页面，然后单击"代码"标签使当前的工作界面切换到代码窗口。

（2）在整个网页中插入音频需要使用代码来直接编辑。打开代码编辑视图后，可以直接在 < body > 的后面输入 < bgsound > 代码，选择要插入的音频，如图 8 – 13 所示。

```
<style type= text/css >
<!--
.style1 {
    color: #FF0000;
    font-size: 36px;
}
.style12 {font-size: 18px; color: #CC66FF; }
-->
</style>
</head>

<body> <bgsound src=""
<table width="960" bo    浏览        ="center" cellpadding="0" cellspa
  <tr align="center">
    <td bgcolor="#JJCCFF"><div align="center" class="style1">个人网
    <td width="750" height="100" background="images/c7.jpg"><div ali
    </div></td>
  </tr>
```

图 8 – 13   通过 < bgsound > 标签选加音频文件

小技巧:

可以先输入一个"<"符号, 然后在弹出的代码提示框中选择"bgsound", 如图 8 – 14 所示。

```
<body>
<
 <> basefont
 <> bdo
   bgsound
 <> big
 <> blockquote
 <> body
 <> br
 <> button
 <> button-live
 <> caption
```

图 8 – 14   利用便捷方式录入 < bgsound > 标签

(3) 设置相应的 < bgsound > 属性值。

在 Dreamweaver 自动输入 < bgsound > 代码后按空格键, 代码提示框会自动将 < bgsound > 标签的属性列出来供用户选择使用。 < bgsound > 标签共有 5 个属性:

①balance 设置音乐的左右均衡;

②delay 进行播放延时的设置;

③loop 控制循环次数;

④src 是音乐文件的路径;

⑤volume 进行音量设置。

一般在添加背景音乐时, 并不需要对音乐进行左右均衡以及延时等设置, 所以仅需要几个主要的参数就可以了。

举例：

假设最后的代码如图 8 - 15 所示。

```
.style12 {font-size: 18px: color: #CC66FF: }
-->
</style>
</head>

<body><bgsound src="images/4859.mp3" autostart=ture loop="-1"/>
<table width="960" border="0" align="center" cellpadding="0" cellspacing="0">
  <tr align="center">
    <td bgcolor="#33CCFF"><div align="center" class="style1">个人网站</div><
    <td width="750" height="100" background="images/c7.jpg"><div align="cent
    </div></td>
  </tr>
</table>
```

图 8 - 15　属性代码

其中，"autostart = ture" 表示自动开始，"loop = " - 1" " 表示该音乐自打开后就开始无限循环播放，如果要设置播放次数，则改为相应的数字即可。

至此，为页面添加背景音乐的操作已经完成，接下来可以按 F12 键，测试背景音乐播放效果。

小经验：

这种添加背景音乐的方法是最基本的方法，也是最为常用的一种方法，背景音乐支持现在大多的主流音乐格式，如 WAV、MID、MP3 等。如果顾及网速较低的浏览者，则可以使用 MID 音乐作为网页的背景音乐，因为 MID 音乐文件小，这样在网页打开的过程中能很快加载并播放，但是 MID 也有不足的地方，它只能存放音乐的旋律，没有好听的和声以及唱词。如果网速较快，或觉得 MID 音乐有些单调，也可以添加 MP3 音乐，只要将上述代码中的 "happy. mid" 改为 "happy. mp3" 即可。

8.3.4　< bgsound > 与 < embed > 的区别

< bgsound > 和 < embed > 虽然都能实现在网页中嵌入音频进行播放的功能，但二者之间还是有一定的区别的。

1. 适用浏览器不同

< bgsound > 标签只适用于微软公司的 IE（？ Internet Explorer）浏览器。而 < embed > 标签不仅适用于 IE 浏览器，还适用于 GreenBrowser、傲游（Maxthon）、The World（世界之窗）、奇虎 360、Mozilla Firefox（美国火狐）、腾讯 TT、Opera（挪威推出）、google chrome（美国谷歌浏览器）等多个浏览器产品。

2. 表现不同

< bgsound > 标签的主要功能是在页面中插入背景音乐，而 < embed > 标签则可以用来播放前台音乐。

3. 功能不同

< bgsound > 标签只能用来播放音乐，而 < embed > 标签除了音乐外，还可以播放各类常见视频，通过它可以在页面内插入各种多媒体文件，如 MIDI、WAV、AIFF、AU 等格式的文件。

4. 参数数量不同

<bgsound>标签因为功能较单一，所以需要设定的参数并不多，只有 src、autostart 和 loop3 个参数。<embed>标签因为功能应用较多，所以参数也较多，除了 src、autostart、loop 外，还有 hidden、starttime、volume、width、height、align、valign 和 controls 等诸多参数。

5. 进程控制不同

<bgsound>标签对引入的音乐只可以控制是否自动播放和播放次数，但不可以暂停以及调整播放进度等。<embed>标签对引入的音乐可以通过各类控制按钮控制其暂停与否，也可以通过拖动进度条来控制一首曲子的播放进度。

6. 可见性不同

<bgsound>标签引入的音乐只能作为背景音乐使用，故在页面中是可闻而不可见的，而<embed>标签引入的音乐是可闻又可见的。

以上区别，设计师可以根据设计需求和设计喜好有选择地在页面上应用不同的标签来实现音频的播放。

8.4　在网页中插入视频

通过插入视频，可以让页面功能更加丰富。下面介绍如何在页面中加入视频文件。

8.4.1　利用可视化工具插入简单视频

（1）把页面切换到设计视图，然后在拟插入视频的位置或特定的容器中单击一下光标，使当前焦点定位到拟插入视频的位置。

（2）在菜单栏单击"插入"，然后选择"媒体"/"插件"命令。

（3）在弹出的浏览窗口中选择拟播放的视频文件。

此操作流程与插入 Flash 较为类似，不再赘述。

需要注意的是，限于 Dreamweaver 自身功能，本方法只能用来插入较小的视频文件，对于一些较大的文件可能会在播放时产生识别故障。

8.4.2　利用视频播放器代码在页面加入视频

传统的 Dreamweaver 功能主要是支持 Flash 格式的视频的添加与播放（具体操作详见本章8.2节）。如果要添加的视频是非 Flash 格式的媒体文件，可以通过在页面中添加播放器代码来实现视频文件在页面中的嵌入。

代码应用举例如下：

<object id=" player" height=" 64" width=" 260" classid=" CLSID：6BF52A52-394A-11d3-B153-00C04F79FAA6" >

<param NAME=" AutoStart" VALUE=" -1" >

<! --是否自动播放 -->

<param NAME=" Balance" VALUE=" 0" >

<! --调整左右声道平衡，同上面旧播放器代码 -->

```
< param name = " enabled" value = " -1" >
```
<! --播放器是否可人为控制-->
```
< param NAME = " EnableContextMenu" VALUE = " -1" >
```
<! --是否启用上下文菜单-->
```
< param NAME = " url" value = " /blog/1. wma" >
```
<! --播放的文件地址-->
```
< param NAME = " PlayCount" VALUE = " 1" >
```
<! --播放次数控制,为整数-->
```
< param name = " rate" value = " 1" >
```
<! --播放速率控制,1为正常,允许小数,1.0-2.0-->
```
< param name = " currentPosition" value = " 0" >
```
<! --控件设置:当前位置-->
```
< param name = " currentMarker" value = " 0" >
```
<! --控件设置:当前标记-->
```
< param name = " defaultFrame" value = "" >
```
<! --显示默认框架-->
```
< param name = " invokeURLs" value = " 0" >
```
<! --脚本命令设置:是否调用URL-->
```
< param name = " baseURL" value = "" >
```
<! --脚本命令设置:被调用的URL-->
```
< param name = " stretchToFit" value = " 0" >
```
<! --是否按比例伸展-->
```
< param name = " volume" value = " 50" >
```
<! --默认声音大小0%-100%,50则为50%-->
```
< param name = " mute" value = " 0" >
```
<! --是否静音-->
```
< param name = " uiMode" value = " Full" >
```
<! --播放器显示模式:Full显示全部;mini最简化;None不显示播放控制,只显示视频窗口;invisible全部不显示-->
```
< param name = " windowlessVideo" value = " 0" >
```
<! --如果是0允许全屏,否则只能在窗口中查看-->
```
< param name = " fullScreen" value = " 0" >
```
<! --开始播放是否自动全屏-->
```
< param name = " enableErrorDialogs" value = " -1" >
```
<! --是否启用错误提示报告-->
```
< param name = " SAMIStyle" value >
```
<! --SAMI样式-->
```
< param name = " SAMILang" value >
```
<! --SAMI语言-->

```
< param name = " SAMIFilename" value >
<！ － －字幕 ID － － >
</object >
```

利用以上播放器代码，只需更换其中的一些具体参数值，就可以实现视频在页面中的嵌入播放了。

8.4.3 利用 HTML5 加入视频

最常用的向 HTML 中插入视频的方法有两种：一种 < object > </object > 标签，一种是 HTML5 中的 < video > </video > 标签。

前者的兼容性较好，但是使用起来不太方便，后者使用起来很方便，但是兼容性较差。

虽然后者在兼容性方面存在很多问题，但是因为使用很方便，符合未来网页设计发展的趋势，因此它成为主要的插入视频的方法，而因为兼容性的问题，前者成为辅助手段。

示例代码如下：

```
< video controls = " controls" preload = " auto" height = " 500" width = " 700" >
<！ － － Firefox － － >
< source src = " mv. ogg" type = " video/ogg" / >
<！ － － Safari/Chrome － － >
< source src = " mv. mp4" type = " video/mp4" / >
<！ － － 如果浏览器不支持 video 标签，则使用 flash － － >
< embed src = " mv. mp4" type = " application/x － shockwave － flash"
width = " 1024" height = " 798" allowscriptaccess = " always" allowfullscreen = " true" >
</embed >
</video >
```

之所以会有 3 种不同的代码语句，是因为旧的浏览器和 IE 不支持 < video > 元素，考虑到兼容性，必须为这些浏览器找到一个支持 Flash 文件的解决方案。不幸的是，和 HTML 5 音频一样，涉及视频的文件格式，Firefox 和 Safari/Chrome 的支持方式并不相同。因此，如果想在这个时候使用 HTML 5 视频，则需要创建 3 个视频版本。

当前， < video > 元素支持三种视频格式，见表 8 － 1。

表 8 － 1　视频格式与浏览器的支持

浏览器	MPEG － 4	Ogg	WebM
IE	9. 0 +	No	No
Firefox	No	3. 5 +	4. 0 +
Opera	No	10. 5 +	10. 6 +
Chrome	5. 0 +	5. 0 +	6. 0 +
Safari	3. 0 +	No	No

Ogg = 带有 Theora 视频编码和 Vorbis 音频编码的 Ogg 文件；

MPEG 4 = 带有 H. 264 视频编码和 AAC 音频编码的 MPEG 4 文件；

WebM = 带有 VP8 视频编码和 Vorbis 音频编码的 WebM 文件。

注：格式必须符合上面 3 条详细要求，比如 MPEG 4，必须是 H. 264 视频和 AAC 音频。

小技巧：

如果视频格式正确，< video > 引入的视频在大部分浏览器的兼容性结果还算令人满意，但是因为 IE6、IE7 和 IE8 不支持它，并且这些浏览器产品的用户至今在中国还是十分庞大的群体，就必须用另外一个解决方案支持它们。本书提供一个办法来解决这个问题。代码如下：

< object classid = " clsid：D27CDB6E − AE6D − 11cf − 96B8 − 444553540000" width = " 624" height = " 351" style = " margin − top：− 10px；margin − left：− 8px；" id = " FLVPlayer1" >

< param name = " movie" value = " FLVPlayer_ Progressive. swf" / >

< param name = " quality" value = " high" / >

< param name = " wmode" value = " opaque" / >

< param name = " scale" value = " noscale" / >

< param name = " salign" value = " lt" / >

< param name = " FlashVars" value = " & MM_ ComponentVersion = 1& skin-Name = public/swf/Clear _ Skin _ 3& streamName = public/video/test& autoPlay = false& autoRewind = false" / >

< param name = " swfversion" value = " 8，0，0，0" / >

<! − − 此 param 标签提示使用 Flash Player 6. 0 和更高版本的 Flash Player。如果您不想让用户看到该提示，请将其删除。− − >

< param name = " expressinstall" value = " expressInstall. swf" / >

</object >

这里面引入了一些文件，包括 js 文件，都是用 Dreamweaver 生成的，不想研究 < object ></object > 标签的读者用 Dreamweaver 生成就行，如果可以巧妙地融合这两段代码就可以得到兼容所有主流浏览器的终极代码了。

于是可以这样：

用 jQuery 语句判断浏览器是否为 IE（不用判断具体 IE 版本，因为服务器的原因很可能高版本 IE 也不通过，暂且 IE 全部用 < object > </object > 标签），根据版本加载不同的标签，代码如下：

< script >

if （ $. browser. msie） ｛

document. write （′ < object classid = " clsid：D27CDB6E − AE6D − 11cf − 96B8 − 444553540000" width = " 624" height = " 351" style = " margin − top：− 10px；margin − left：− 8px；" id = " FLVPlayer1" >′ +

′ < param name = " movie" value = " FLVPlayer_ Progressive. swf" / >′ +

′ < param name = " quality" value = " high" / >′ +

′ < param name = " wmode" value = " opaque" / >′ +

'< param name = " scale" value = " noscale" / >'+

'< param name = " salign" value = " lt" / >'+

'< param name = " FlashVars" value = " & MM_ ComponentVersion = 1& skin-Name = public/swf/Clear _ Skin _ 3& streamName = public/video/test& autoPlay = false& autoRewind = false" / >'+

'< param name = " swfversion" value = " 8, 0, 0, 0" / >'+

'<! -- 此 param 标签提示使用 Flash Player 6.0 和更高版本的 Flash Player。如果您不想让用户看到该提示, 请将其删除。-- >'+

'< param name = " expressinstall" value = " expressInstall. swf" / >'+

'</object >');

} else {

document. write ('< video width = " 602px" height = " 345px" controls = " controls" >'+

'< source src = " public/video/test. mp4" type = " video/mp4" > </source >'+

'< source src = " public/video/test. ogg" type = " video/ogg" > </source >'+

'your browser does not support the video tag'+

'</video >');

}

</script >

当然, 不要忘记在写这段代码之前引入 jQuery 文件。

到此为止, 就可以编写出一段兼容所有浏览器的 HTML 视频代码了。

8.4.4 利用视频网站转存并引入页面

有些视频文件, 可以先将之上传至专门的视频网站, 然后获取其分享链接, 再在页面中将其引入进来, 这样也可以实现在页面中播放视频文件的效果。

例如, 以优酷网站为例。首先, 把视频文件上传至优酷网站的服务器上, 即可获取分享代码, 如图 8 -16 所示。

图 8 -16 获得优酷网站的分享代码

接下来，在页面中写下如下代码：

< iframe height =498 width =510 src =" http：//player. youku. com/embed/XOTA1OTA2NjAw"
frameborder =0 allowfullscreen > </iframe >

即可实现对上传至优酷网站的视频文件的引用与播放了。

对于腾讯视频网站，同样道理，把视频文件上传至腾讯视频网站的服务器上，即可获取分享代码，如图 8 – 17 所示。

图 8 – 17　获得腾讯视频网站的分享代码

接下来，在页面中写下如下代码即可：

< iframe frameborder =0src =" http：//v. qq. com/iframe/player. html？ vid =l01480qc099&tiny =
0&auto =0" allowfullscreen > </iframe >

8.5　课堂练习

1. 练习内容

制作一个影音分享网站。

2. 练习目标

（1）熟练掌握 Flash 文件的插入方法。

（2）熟练掌握音频文件的插入方法。

（3）熟练掌握视频文件的插入方法。

3. 具体要求

（1）新建一个站点，将其命名为"影音分享"。

（2）在站点中新建一个网页，作为首页，并设置背景音乐。

（3）在站点中新建一个网页，将其命名为"我最喜欢的音乐"，在该页面中罗列 6 首歌
曲 MP3 文件，可让用户随意点击播放。

（4）在站点中新建一个网页，将其命名为"我最喜欢的动画"，在该页面中展示一幅 Flash 动画，并播放。

（5）在站点中新建一个网页，将其命名为"我最喜欢的视频"，在该页面中显示一段小视频，并播放。

（6）以上页面要求结构美观大方。

第 9 章　超链接

超链接是网站中使用比较频繁的 HTML 元素，因为网站的各种页面都是由超链接串接而成，超链接完成了页面之间的跳转。超链接是浏览者和服务器交互的主要手段。

9.1　超链接常识

一个网站的网页如果没有超链接，则各网页间就无法互相联系与跳转，也就不能称为一个完整的网站。学习制作网站，必须学会超链接的应用。下面介绍超链接的基础知识。

9.1.1　超链接的基础知识

1. 超链接的定义

链接，是指一个事物与另一个事物之间的绑定关系。

超链接，是"超级链接"的简称，是指在计算机软件中，对包括文字、图片、按钮、影音多媒体等对象添加对另一文件的指向关系，单击该对象即可索引或访问指向文件的特殊功能。

超链接是一种对象，它以特殊编码的文本或图形的形式来实现链接，单击该链接相当于指示浏览器移至同一网页内的某个位置，或打开一个新的网页，或打开某一个新的 WWW 网站中的网页。

2. 超链接的运行原理

超链接在本质上属于一个网页的一部分，它是一种允许同其他网页或站点之间进行连接的元素。各个网页链接在一起后，才能真正构成一个网站。所谓超链接，是指从一个网页指向一个目标的连接关系，这个目标可以是另一个网页，也可以是相同网页上的不同位置，还可以是一张图片、一个电子邮件地址、一个文件，甚至一个应用程序。而在一个网页中用来超链接的对象，可以是一段文本或者一张图片。当浏览者单击已经链接的文字或图片时，链接目标将显示在浏览器上，并且根据目标的类型打开或运行。

9.1.2　超链接的类型

超链接在网页中的应用频繁，分布广泛，根据不同的分类方法，可以分成多种不同的类型。

1. 按照链接路径分类

按照链接路径的不同，网页中的超链接一般分为 3 种基本类型：内部链接、锚点链接和外部链接。

（1）内部链接，是指在本网站内部页面之间建立的链接关系。

（2）外部链接，是指在本网站页面和其他网站页面之间建立的链接关系。

（3）锚点链接，是指通过锚点功能制作出来的对本页面或本页面与其他页面中的页面内容进行快速定位的链接方法。

2. 按超链接对象分类

按照使用对象的不同，网页中的链接又可以分为：文本超链接、图像超链接、E-mail链接、多媒体文件链接、程序链接和空链接等几种类型。

（1）文本超链接，是指在网页文本之上附加的超链接功能。

（2）图像超链接，是指在网页图像之上添加的超链接功能。

（3）E-mail链接，是指专门对用户邮箱进行连接和访问的超链接功能。

（4）多媒体文件链接，是指在影音视频等多媒体文件上所附加的多媒体功能。

（5）程序链接，是指在计算机程序代码中编写链接语句，只有当程序执行到该语句才会触发响应的超链接功能。

（6）空链接，是指只有链接功能，但没有具体链接对象的超链接。有时候，空链接也叫作死链。需要注意的是，为了给用户较好的体验，除非有特殊的功能需要，否则应该尽可能不出现空链接。

3. 按链接地址进行分类

按链接地址的不同，超链接一般可以分为3种：绝对URL的超链接、相对URL的超链接和同一页面URL的链接。

网络地址，又称为URL（Uniform Resource Locator），就是统一资源定位符，简单地讲就是网络上的一个站点、网页的完整路径，如"http://www.huaxiaonline.net/"等。

（1）绝对URL的超链接，是指链接地址书写完整，包含URL所有组成元素的超链接地址，例如"http://www.nanshan.edu.cn/info/1010/2082.htm"。

这种链接的优点是既可访问外部网站链接，又可访问自身网站链接。其缺点是书写烦琐，且当网站域名发生变更时，所有链接都会失效。

（2）相对URL的超链接，是指链接地址简化书写，只描写相对于当前页面所体现的地址即可，例如"1010/2082.htm"。

相对URL的超链接只能访问本网站页面，无法外链其他网站，但它胜在书写简单，灵活性强，故通常用于网站自身页面之间的链接，如将本网页上的某一段文字或某标题链接到同一网站的其他页面。

（3）同一页面URL的超链接，这种超链接又叫作书签。

4. 按链接地址是否可以变化分类

按照链接地址是否可以发生变化，超链接又可以分为动态超链接和静态超链接两大类。

（1）动态超链接，是指页面制作者可以通过改变HTML代码来实现动态变化的超链接，例如可以实现将鼠标移动到某个文字链接上，文字就会像动画一样动起来或改变颜色的效果，也可以实现将鼠标移到图片上图片就产生反色或变得朦胧的效果。

（2）静态超链接，顾名思义，就是没有动态效果的超链接。

9.1.3 超链接的外观

1．默认外观

在网页中，一般文字上的超链接都是蓝色的（当然，也可以设置成其他颜色），文字下面有一条下划线。当移动鼠标指针到超链接上时，鼠标指针就会变成一只手的形状，这时候用鼠标左键单击，就可以直接跳到与这个超链接相连接的网页或 WWW 网站上去。如果用户已经浏览过某个超链接，这个超链接的文本颜色就会发生改变（默认为紫色）。

图像超链接同样在图像的四周产生一条蓝色的链接线，单击访问后变为紫色。

2．链接对象变化外观

网站的设计者如果觉得默认外观较为单调的话，可以通过 Photoshop 设计、CSS 样式表和 JavaScript 脚本语言来变化出形式较为多样的超链接外观。

对文字链接可以设置各种颜色，可以有链接线，也可以没有链接线，还可以制作在鼠标移到文字上时发生颜色、大小、链接线隐现变化的链接等。

图片链接可以不显示链接边框线，也可以设置成不同内容、不同变化效果等。

3．链接鼠标变化外观

通过 CSS 样式表和引入专门制作好的图片，可以更改鼠标光标在移到超链接、单击超链接和移出超链接时的形状、图案变化，制作出丰富多彩的网页效果。

9.2 利用可视化工具添加超链接

Dreamweaver 具有便捷的添加超链接功能，下面其操作方法。

9.2.1 超链接添加步骤

（1）打开 Dreamweaver，新建一个 HTML 页面或打开一个已经存在的页面。

（2）将当前的 Dreamweaver 工作窗口保留在设计界面之中，如图 9－1 所示。

图 9－1 选择工作界面

（3）在当前打开的页面中添加一部分文字或图片并选中。如果是文字信息，需用鼠标拖黑拟添加超链接的部分，如图 9－2 所示。如果是图片，则只需在拟添加超链接的图片上单击鼠标。

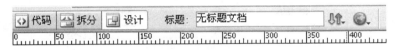

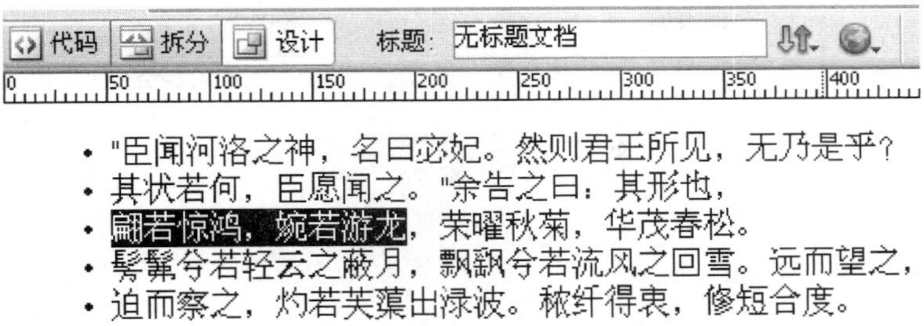

代码
拆分
设计
标题: 无标题文档
"臣闻河洛之神，名曰宓妃。然则君王所见，无乃是乎？
其状若何，臣愿闻之。"余告之曰：其形也，
翩若惊鸿，婉若游龙，荣曜秋菊，华茂春松。
髣髴兮若轻云之蔽月，飘飖兮若流风之回雪。远而望之，
迫而察之，灼若芙蕖出渌波。秾纤得衷，修短合度。

图 9－2　选中拟添加超链接的文字对象

（4）在下方的属性面板对该对象添加超链接。

通过设计界面添加超链接的方式有三种，分别是手动添加、本地选取和站点拖选。

①手动添加超链接地址。在面板右侧找到“链接”的输入框，添入超链接目标地址即可，如图 9－3 所示。该目标地址可以是一个网址，也可以是一个文件的路径地址。手动添写的网络地址，既可以是绝对地址，也可以是相对地址。

链接 http://www.lover.com

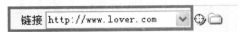

图 9－3　手动添加超链接地址

优点：链接范围广；缺点：如果链接地址复杂，容易产生输写错误。

②本地选取文件生成超链接地址。在属性面板“链接”输入框的右侧有一个黄色的小文件夹图标，这是一个图标按钮，通过单击它，可以打开本地电脑的文件浏览窗口，选中需要链接的文件即可，如图 9－4 所示。

链接 http://www.lover.com

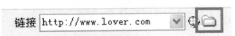

图 9－4　选取文件生成超链接地址

注意：通过“本地选取”方式建立的超链接，链接对象文件必须真实存在，生成的链接地址将是该文件的路径名，且只能是相对地址的链接。

优点：添加简单；缺点：不能选取站点外的文件。

小技巧： 为了防止网站上传到服务器后因地址变更而产生链接文件找不到的错误，建议把链接文件先复制到本网站所在文件目录中，再浏览选取。

③拖选站内文件生成超链接地址。在属性面板“链接”输入框的右侧有一个小时钟的图标，单击该图标，并按住，拖动至右侧站点面板中拟添加超链接的目标文件上，超链接就会自动生成，如图 9－5 所示。

注意：使用该方法必须首先建立网站的站点，且只能链接到该站点中已有的文件。

优点：添加简单，并能杜绝站外链接的产生；缺点：必须先建站。建议尽可能多地使用这种方法建立超链接。

（5）超链接地址添加完后，可以选择链接网页的打开方式。方法是单击“链接”输出框右边的“目标”下拉框，选中其中一种打开方式。

注意：可以不选，则默认在新开窗口打开链接页面。

图 9 - 5   拖选站内文件生成超链接

（6）至此，网页上的超链接已经生成。

9.3   利用标签添加超链接

超链接除了应用可视化界面实现功能之外，使用 HTML 代码往往可以更灵活地实现超链接的各种功能。

9.3.1   基本链接语法

语法：

＜A href = " 链接地址" ＞链接对象＜/A＞

说明：

在该语法中，链接地址可以是绝对地址，也可以是相对地址。链接对象可以是文字，也可以是图片。

实例代码如下：

（1）文字链接：＜A href = " http：//www. baidu. com/" ＞链接到百度＜/A＞；

（2）图片链接：＜A href = " http：//www. baidu. com/" ＞＜img src = "/images/anniu. jpg" ＞＜/A＞；

（3）绝对地址链接：＜A href = " http：//www. huaxiaonline. net/news/china/index. asp" ＞链接到华夏在线中国新闻页＜/A＞

（4）相对地址链接：＜A href = " news/china/index. asp " ＞链接到华夏在线＜/A＞。

其中，相对地址链接，其地址主要是相对于当前页面而言。

9.3.2   设置超链接的目标窗口

如果在使用超链接打开网页的时候，不希望超链接的目标窗口将原来的窗口覆盖，比如希望不论链接到何处，主页面都保留在原处，可以通过 target 参数设置目标窗口的属性。

语法：

＜A href = " 链接地址" target = 目标窗口的打开方式＞链接元素＜/A＞

说明：

在该语法中，target 参数的取值有 4 种，见表 9 – 1。

表 9 – 1　目标窗口的设置

target 参数值	目标窗口的打开方式
_ parent	在上一级窗口打开，常在分帧的框架页面中使用
_ blank	新建一个窗口打开
_ self	在同一窗口打开，与默认设置相同
_ top	在浏览器的整个窗口打开，忽略所有的框架结构

实例代码如下：

```
< html >
< head > 目标窗口练习 </head >
< body >
< center > < h2 > 书本介绍 </h2 > </center >
< hr size = 3  color = "  #66bb00"  >
< font size = 4 > 《三国演义》 </font > < br > < br >
作者：罗贯中 < br >
出版社：人民邮电出版社 < br >
< A href = "  thebook. html" target = "  _blank"  > 书本详情介绍 </A >
</body >
</html >
```

在这段代码中包含一个超链接文本"书本详情介绍"，单击该文字上的链接，即可以用新开窗口的方式打开"thebook. html"文件。

9.4　邮件链接的应用

邮件链接是网页设计制作中的一个非常实用的 HTML 标签，许多拥有个人网页的人都喜欢在网站的醒目位置写上自己的电子邮件地址，这样网页浏览者一旦用鼠标单击一下超链接，就能自动打开当前计算机系统中默认的电子邮件客户端软件，例如 OutLook Express 以及 Foxmail 等。下面介绍在 Dreamweaver 中创建电子邮件链接的方法。

9.4.1　邮件链接的常识

所谓邮件链接，是对超链接的一种灵活应用，是指设计者在制作的网页中以超链接的形式，实现对用户电子邮件的链接和发送邮箱的启动功能。

9.4.2　利用可视化工具发送邮件链接

通过 Dreamweaver，可以方便地实现邮件链接的生成和调用，制作方法如下：

第一步：利用 Dreamweaver 打开拟填加超链接的网页，并进入"设计"工作界面。

第二步：在页面上填加拟附加超链接的文字信息，例如输入文字"联系方式:"，并把鼠标移到文字的后面，如图 9-6 所示。

图 9-6 填加文字信息

第三步：在菜单栏中单击"插入"，选择"电子邮件链接"，如图 9-7 所示。

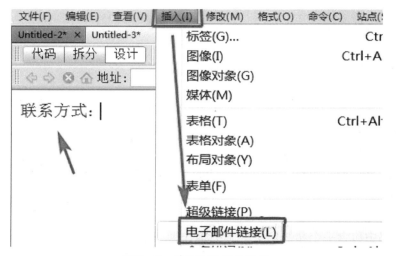

图 9-7 填加电子邮件链接

第四步：在弹出的"电子邮件链接"对话框里，在"文本"框中，键入或编辑电子邮件的正文，在"电子邮件"框中，键入电子邮件地址，单击"确定"按钮，如图 9-8 所示。

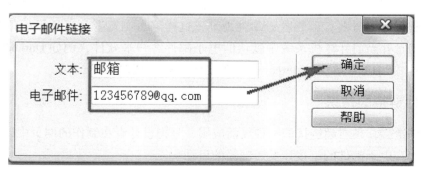

图 9-8 填加电子邮件信息

第五步：电子邮件的超链接完成了，在页面中单击"在浏览器中预览/调试"按钮，如

图 9 – 9 所示。

联系方式: 邮箱

图 9 – 9　预览

第六步，查看测试效果。在浏览器中单击"邮箱"链接，出现"新邮件"窗口，当别人单击邮件链接时，可以直接往这个设好的邮箱里发邮件，如图 9 – 10 所示。

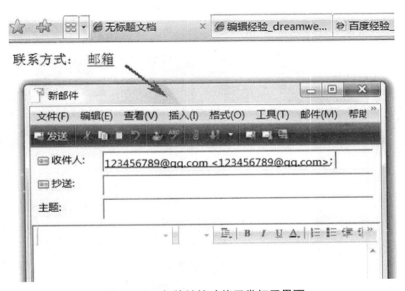

图 9 – 10　邮件链接功能正常打开界面

小技巧：

在下方的属性面板里也可以创建一个电子邮件链接，直接在"链接"输入框中键入"mailto:"，后跟电子邮件地址就可以了。

9.4.3　利用标签发送邮件链接

通过 HTML 标签代码，同样可以在网页中设置如"联系我们""问题反馈"等邮箱链接，类似网页超链接，只是可以直接打开默认邮箱程序。

语法如下：

< a href = " mailto：youEMail@ xxx. yyy" >链接文字 </ a >

说明：

设计者通过 < a >标签在网页中创建一个电子邮件链接，用户单击电子邮件链接时，该链接将打开一个新的空白信息窗口。

"mailto"是邮件链接的特定标志关键字，指向拟发送的邮箱地址。

如果在网页中创建一个形如"mailto：aaa@ 163. com"的超链接，用鼠标单击该超链接，浏览器会自动调用系统默认的邮件客户端程序，同时在邮件编辑窗口的收件人设置栏中自动写上收件人的地址，而其他的内容都是空白，留给访问者自行填写。

代码示例如下：

```
< html >
< head >
< title > contact us </title >
</head >
< body >
< a href = " mailto：liuxudongbupt@163.com" >contact us </a >
</body >
</html >
```

代码标签执行效果如图 9 - 11 所示。

图 9 - 11　代码标签执行效果

在该语法的电子邮件地址后还可以增加一些参数，见表 9 - 2。

表 9 - 2　< mailto > 标签的参数

参数	表示的含义	语法
CC	抄送收件人	< A href = " mailto：电子邮件地址? CC = 电子邮件地址" >链接文字 </A >
Subject	电子邮件主题	< A href = " mailto：电子邮件地址? Subject = 主题文字" >链接文字 </A >
BCC	暗送收件人	< A href = " mailto：电子邮件地址? BCC = 电子邮件地址" >链接文字 </A >
Body	电子邮件内容	< A href = " mailto：电子邮件地址? Body = 邮件内容" >链接文字 </A >

这些参数可以没有，也可以同时设置几个。在带有多个参数时，需要使用"&"符号对参数进行分隔。实例代码如下：

```
< html >
< head >
< title > 发送电子邮件 </title >
</head >
```

```
< body >
 ； ；如果您在使用网站的时候发现了问题或者 bug，欢迎您给我们提出。< br >
< A href = " mailto：bug@ sina. com? BCC = xyf@ 163. com" >发现问题 </A > < br > < br >
 ； ；如果您对我们的工作有建议或意见，也欢迎您来信提出。< br >
< A href = " mailto：opinion@ sina. com? CC = xyf@ 163. com&Subject = 意见和建议" >
提出意见建议 </A >
< br > < br >
< A href = " mailto：xyf@ 163. com" >给作者来信 </A >
</body >
</html >
```

运行这段代码，单击页面中的链接文字"发现问题"，可以打开默认的电子邮件程序 Out-
look Express，在程序中可以看到，除了设置的 E-mail 地址之外，在"密件抄送"文本框中也
设置了电子邮件的地址。单击页面中的"提出意见建议"文字链接，在打开的 Outlook Express
中，除了"收件人""抄送"文本框中设置了电子邮件外，还同时设置了邮件的主题。

小技巧：

（1）如果在单击电子邮件超链接时，希望在系统自动打开的电子邮件编辑窗口中，除
了在收件人地址栏中自动填写内容外，在抄送地址栏中也能自动填写需要的电子邮件地址，
可以直接在网页的 HTML 源代码中插入形如 "mailto：aaa@ 163. com? bbb@ 163. com" 的语
句，其中 "aaa@ 163. com" 将会自动出现在收件人地址栏中，"bbb@ 163. com" 则会自动出
现在抄送地址栏中。

（2）如果希望在弹出的邮件编辑窗口中能自动将邮件的主题内容填上，可以使用形如
"mailto：aaa@ 163. com? subject = ' mailto' 特定代码" 的 HTML 语句，这样当浏览者用鼠标单
击由该语句组成的电子邮件超级链接时，在随后打开的邮件编辑窗口的收件人地址栏中自动
出现 "aaa@ 163. com"，在主题设置栏中将自动出现 "'mailto'特定代码" 这样的内容。

（3）如果想在收件人地址栏中同时输入多个电子邮件地址，可以使用形如 "mailto：aaa@
163. com；bbb@ 163. com" 的语句，记住每个电子邮件之间用 "；" 隔开，这样当浏览者单击由该
语句创建的电子邮件超链接时，在弹出的邮件编辑窗口的收件人地址栏中同时会出现 "aaa@
163. com" "bbb@ 163. com" 这样的收件人地址，浏览者就能同时向这些人发送电子邮件。

（4）在网页中出现的邮件地址经常会被一些诸如 "mail – robot" 的自动搜索程序搜索
到，这样其他人很容易利用搜索到的邮件地址向用户发送各种各样的垃圾邮件，为了将这些
垃圾邮件拒于千里之外，可以将在网页上公开的邮件地址写成 ASCII 码形式，同时每一个
ASCII 码前面都必须添加 "&#"。例如在网页中使用 "mailto：aaa@ 163. com" 这样的语句来
创建电子邮件超链接的话，单击该超链接后，发现在随后打开的邮件收发窗口中，收件人地
址栏中仍然会显示 "aaa@ 163. com" 这样的内容，而其他各种邮件自动搜索工具都不能正
确识别这样的 ASCII 代码，因此用户收到的各种来历不明的垃圾邮件就会大大减少。

（5）一般情况下，浏览者单击电子邮件超链接时，系统在默认打开的邮件客户端程序
中，只是自动在收件人地址栏处填上内容，而其他设置栏处仍然显示为空白，如果还希望自
动把主题、抄送、暗送，甚至内容都填写上，可以使用形如 "mailto：aaa@ 163. com? cc =
bbb@ 163. com&bcc = ccc@ 163. com&subject = ' mailto' 特定代码 &body = mailto 标签的综合应

用举例说明!"的语句。在这个语句中第一个功能以"?"开头,后面的每一个功能以"&"开头,当用鼠标单击这个邮件地址时,在随后打开的邮件编辑窗口中,在收件人地址栏中自动填写上"aaa@ 163. com",在抄送地址栏中自动填写上"bbb@ 163. com",在暗送地址栏中自动填写上"ccc@ 163. com",在主题栏中自动填写上"'mailto'特定代码",在信件的正文部分将自动出现"mailto 标签的综合应用举例说明!"。

上面出现的"aaa@ 163. com""bbb@ 163. com""ccc@ 163. com"都是为方便说明而设置的,读者可以根据自己的要求,用真实的邮件地址来代替它们。此外,如果要使用 mailto同时实现多个功能,第一个功能必须以"?"开头,后面的每一个功能都以"&"开头;另外,"cc"后为抄送地址,"bcc"后为暗送地址,"subject"后为邮件的主题,"body"后为邮件的内容。

9.5　锚点链接的应用

9.5.1　锚点链接常识

1. 锚点链接的概念

锚点链接(也叫书签链接),简称"锚点""锚记",它常常用于那些内容庞大繁杂的网页,通过单击命名锚点,不仅能指向文档,还能指向页面里的特定段落,更能作为"精准链接"的便利工具,让链接对象接近焦点,便于浏览者查看网页内容。这类似于书籍的目录页码或章回提示。在需要指定到页面的特定部分时,标记锚点是最佳的方法。

2. 锚点链接对 SEO(搜索引擎优化)的作用

锚点链接是一个非常重要的概念,在网页中增加恰当的锚点链接,会让所在网页和所指向网页的重要程度有所提升,从而影响到关键词排名。锚点链接对 SEO 的作用主要体现在以下几个方面:

1) 对锚点链接所在的页面的作用

正常来讲,页面中增加的锚点链接都和页面本身有一定的关系,因此,锚文本可以作为锚点链接所在的页面内容的评估。例如:本篇文章中含有 SEO 的链接,那么说明本篇文章和 SEO 有一定关系。

2) 对锚点链接所指向页面的作用

锚点链接能精确地描述所指向页面的内容,因此,锚点链接能作为对所指向页面的评估。

3) 锚点链接对关键词排名的影响

锚点链接对关键词排名的意义在于它可以让内容页随机链接在一起,让"蜘蛛"("搜索引擎抓取"的俗称)很好地抓取更多页面,权重也能均匀地传递,同时可增强页面的相关性,最终提升网站的关键词排名。

9.5.2　通过可视化工具制作锚点链接

创建命名锚点链接的过程分为两大部分:创建命名锚点和调用链接到命名锚点。

第一步:打开 Dreamweaver,打开需要创建锚点链接的文件,并切换至"设计"工作界面。

第二步：确定锚点链接功能的具体应用点，如图 9 – 12 所示。

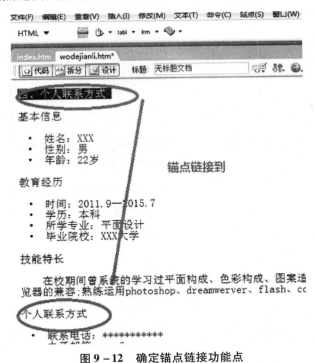

图 9 – 12 确定锚点链接功能点

第三步：命名锚点链接。首先在需要链接到的位置命名一个锚点，找到位置，然后单击"设计"工作界面上方的常用设置上的命名锚点图标，如图 9 – 13 所示。

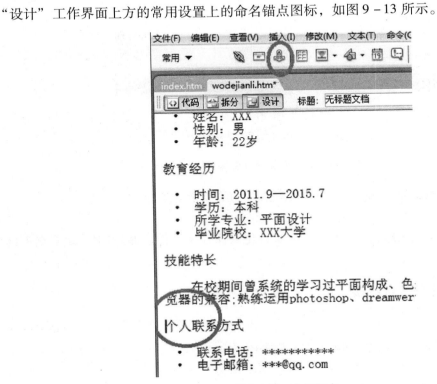

图 9 – 13 命名锚点

第四步：在打开的对话框中输入锚点名称。在相应位置上出现一个锚点标记的输入窗口。在这里输入锚点名字，如图9－14所示。

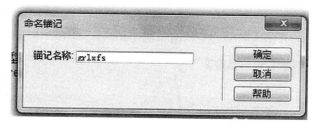

图9－14　输入锚点名称

第五步：选中锚点的起点文本，在属性面板上找到链接，输入"#"加上锚点的名称，比如"#grlsgs"，如图9－15所示。这样，一个锚点链接就设置好了

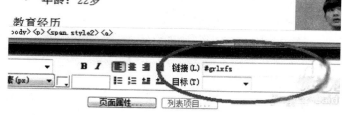

图9－15　添加锚点名称

第六步：按F12键预览该网页。单击锚点链接，查看功能效果即可。

小技巧：

若要链接到其他文档中的锚点，格式为：文件绝对路径＋文件名#锚点名。锚点名称区分大、小写。

9.5.3　利用书签应用锚点链接

当创建的网页内容特别多时，可以通过书签对内容进行链接，这样读者在阅读时可以通过书签进行内容的跳转，这种链接也称为网页内部的书签链接。

1. 建立锚点

锚点链接可以与链接文字在同一页面，也可以在不同的页面。要实现网页内部的锚点链接，都需要先建立锚点。通过建立的锚点才能对页面的内容进行引导和跳转。

语法如下：

< A name = " 锚点名称" > 文字 < /A >

说明：在该语法中，锚点名称就是对应于后面的跳转内容所创建的锚点，而文字则是设置链接后跳转的位置。

2. 链接到同一页面的锚点

下面就可以为刚才制作的锚点添加链接内容了。在代码的前面增加链接文字和链接地址就能够实现同页面的锚点链接。

语法如下：

< A href = " #锚点名" >链接的文字 < /A >

说明：

在该语法中，锚点的名称就是刚才所定义的锚点名，也就是 name 被赋予的值，而"#"则代表这是锚点的链接地址。

实例代码：

< html >

< head >

< title >定义书签 < /title >

< /head >

< body >

< h3 >爱情测试：你的恋爱狂热度是多少 < /h3 >

    情窦初开的漂亮小 MM 终于找到了心中的白马王子啦！可是可是……是不是好想好想将感情更顺利地进行下去。急速升温？那么，可爱的 MM 们快来做这个测试吧……保证让你和心中的白马王子开开心心一路牵手到底。一天之中，你最喜欢什么时间哦？ < br > < br >

< A href = " #answerA" >A：凌晨零时到清晨六点 < /A > < br > < br >

< A href = " #answerB" >B：清晨六点到中午十二点 < /A > < br > < br >

< A href = " #answerC" >C：中午十二点到下午六点 < /A > < br > < br >

< A href = " #answerD" >下午六点到凌晨零时 < /A > < br > < br >

< hr size = 3 > < hr size = 3 >

< A name = " answerA" >选择 A：凌晨零时到清晨六点 < /A > < br >

        向来朝气蓬勃的你，的确喜欢谈恋爱，喜欢那种活力十足的感觉，但是你的恋爱狂热度，却是平平而已。因为你对生活中的其他事物，如你个人的嗜好，也有着恋爱般的热度，过度分散目标的结果，使你的恋爱狂热度只有30% < br > < br >

< hr size = 2 >

< A name = " answerB" >选择 B：清晨六点到中午十二点 < /A > < br >

        你那死不服输的性格将你在人群中独立出来，恋爱的时候，亦因为不肯对对方坦白而遭抛弃，你唯一的好处是你绝不拖拖拉拉没完没了。但是有时候恋爱也要讲小策略的哦，偶尔"认输"也未尝不是件好事！ < br > < br >

<hr size =2 >

< A name =" answerC" >选择 C：中午十二点到下午六点 </A > < br >

       你是个十分理智的 MM，但聪明反被聪明误哦，你对每件事都小心谨慎，在爱情道路上，因怕受伤而不敢用情太深，但这会令你的恋人有种被忽视的感觉，对你的热情亦因此大减，其实有时候在他面前装迷糊装可爱，他会更加喜欢你哦。< br > < br >

<hr size =2 >

< A name =" answerD" >选择 D：下午六点到凌晨零点 </A > < br >

       你有点神经质哦，但是是个很执着的 MM，别人很难适应你的处世作风哦，你的男朋友也一样哦，你一时对他风情万种，一时对他冷若冰霜，令他感到十分迷惑。即使对你一见钟情，他亦会被你对他的飘忽不定的感觉而吓得溜之大吉，要改变这样的状况，MM 可要好好控制一下自己的情绪哦！

</body >

</html >

运行这段代码，可以看到 4 个文字链接被做成了锚点，如图 9 –16 所示。

图 9 –16　锚点显示页

在页面中单击其中的一段链接文字，页面将会跳转到该链接的书签所在位置。单击"B：清晨六点到中午十二点"，跳转后的页面效果如图 9 –17 所示。

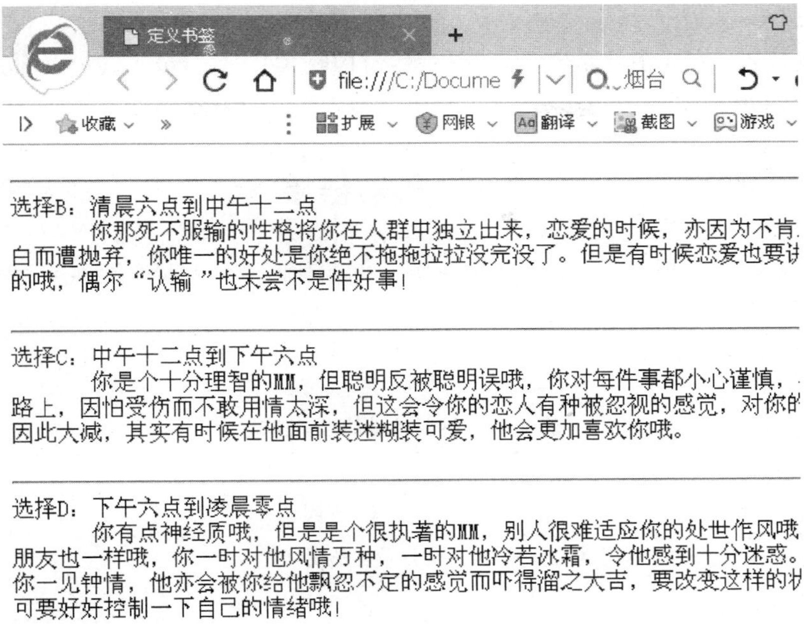

选择B：清晨六点到中午十二点
　　你那死不服输的性格将你在人群中独立出来，恋爱的时候，亦因为不肯认输而遭抛弃，你唯一的好处是你绝不拖拖拉拉没完没了。但是有时候恋爱也要认输的哦，偶尔"认输"也未尝不是件好事！

选择C：中午十二点到下午六点
　　你是个十分理智的MM，但聪明反被聪明误哦，你对每件事都小心谨慎，路上，因怕受伤而不敢用情太深，但这会令你的恋人有种被忽视的感觉，对你的因此大减，其实有时候在他面前装迷糊装可爱，他会更加喜欢你哦。

选择D：下午六点到凌晨零点
　　你有点神经质哦，但是是个很执著的MM，别人很难适应你的处世作风哦，朋友也一样哦，你一时对他风情万种，一时对他冷若冰霜，令他感到十分迷惑。你一见钟情，他亦会被你给他飘忽不定的感觉而吓得溜之大吉，要改变这样的状可要好好控制一下自己的情绪哦！

图 9 – 17　锚点跳转页

3. 链接到不同页面的书签

锚点链接不但可以链接到同一页面，也可以在不同页面中设置。

语法如下：

< A href = " 链接的文件地址#锚点的名称" >链接的文字 </A >

说明：

在该语法中，与同一页面的锚点链接不同的是，需要在链接的地址前增加文件所在的位置。

实例代码如下：

< html >

< head >

< title >《悟空传》目录 </title >

</head >

< body >

<h3 > "我要这天，再遮不住我眼，我要这地，再埋不了我心，要这众生，都明白我意，要那诸佛，都烟消云散！"这段话引自被誉为"最佳网络作品"、在网上广为流传的《悟空传》。</h3 >

< br >

< A href = " 04 – 1. html#a01" >第 01 章 </A >

< A href = " 04 – 1. html#a02" >第 02 章 </A > < br > < br >

< A href = " 04 – 1. html#a03" >第 03 章 </A >

< A href = " 04 – 1. html#a04" >第 04 章 </A > < br > < br >

</body >

```
</html>
```

运行这段代码，单击其中的某个链接，就会打开"04-1.html"这个页面，并定位到该页面的锚点所在处。

9.6　外部链接

外部链接是指跳转到当前网页之外的资源，例如其他网站的某个页面或元素。这种链接在设置时一般需要书写绝对地址，最常见的是使用 URL 统一资源定位符"http：//"来表示。此外还有一些其他格式，见表 9-3。

表 9-3　绝对地址的设置格式

格式	表示的含义
http：//	采用 WWW 服务进入万维网站点
ftp：//	通过 FTP 访问文件传输服务器
telnet：//	启动 Telnet
mailto：//	直接启动邮件系统 E-mail

除了之前已经介绍过的邮件链接（mailto）以外，其他外部链接主要如下。

1. 通过 HTTP 协议链接站外

网页中最常见的使用 HTTP 协议进行外部链接的情况是设置友情链接。

语法如下：

<A href=" http：//……" >链接文字 </A>

说明：

在该语法中，"http：//"表明这是关于 HTTP 协议的外部链接，而在其后输入网站的网址即可。

2. 通过 FTP 协议链接站外

网络中还存在一种 FTP 协议，这是一种文件传输协议。通过很多 FTP 地址，可以获得许多有用的软件和共享文件。FTP 需要获得许可才能在网络上传播，因此需要从服务器管理员处取得登录的权限。有一些 FTP 服务器可以匿名访问，通过它们同样能够获得一些公开的数据。

语法如下：

<A href=" ftp：//……" >链接文字 </A>

说明：

在该语法中，"ftp：//"表明这是关于 FTP 协议的外部链接，在其后输入网站的网址即可。

3. 通过 Telnet 链接

Telnet 常常用来登录一些 BBS 网址，也是一种远程登录方式。

语法如下：

<A href=" telnet：//地址" >链接文字 </A>

说明：

这种链接方式与其他两种类似，不同的就是它登录的是 Telnet 站点。

9.7 下载链接

在浏览网页时下载一些文件是经常的事情，在某些网站中，只需要单击一个链接就可以自动下载文件，非常方便，其也可以使用文本链接来实现。

语法如下：

< A href = " 文件所在地址" >链接文字 </A >

说明：

在文件所在地址中设置文件的路径，可以是相对地址，也可以是绝对地址。

实例代码如下：

```
< html >
< head >
< title >文件的下载 </title >
</head >
< body >
< h4 >网际快车 FlashGet </h4 >
< A href = " file. exe" >软件下载试用 </A >
< br > < br >
```

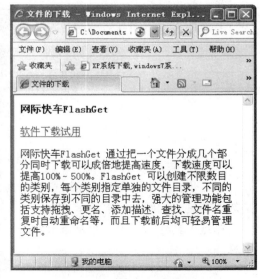

图 9 – 18　设置文件下载页面

网际快车 FlashGet 通过把一个文件分成几个部分同时下载可以成倍地提高速度，下载速度可以提高 100% ~ 500% 。FlashGet 可以创建不限数目的类别，每个类别指定单独的文件目录，不同的类别保存到不同的目录中，强大的管理功能包括支持拖曳、更名、添加描述、查找、文件名重复时自动重命名等，而且下载前、后均可轻易管理文件。

```
</body >
</html >
```

运行这段代码，效果如图 9 – 18 所示。单击页面中的文本链接"软件下载试用"，可以打开如图 9 – 19 所示的提示对话框。

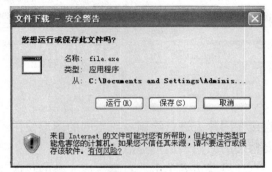

图 9 – 19　文件下载的提示对话框

在该对话框中可以单击"打开"按钮直接打开软件，也可以单击"保存"按钮将该文件保存到磁盘。如果选择保存文件到磁盘，将会打开存储对话框。在对话框中设置相应的存储位置，单击"保存"按钮即可实现文件的保存。

9.8   图像热区链接

9.8.1   图像热区链接的定义

超链接除了可以附加在文字上之外，还可以附加在图片上。传统的做法是一个图片只能附加一个超链接。那么，可不可以在一个图片上附加多个超链接呢？答案是可以的。可以自由定义在一个图片上附加链接的局部位置、大小、形状等，这需要用到图像热区链接了。

所谓图像热区，是指在一幅图片上创建多个区域（热点），并可以单击触发。当用户单击某个热点时，会发生某种链接行为。

9.8.2   通过可视化工具添加图像热区链接

第一步：打开 Dreamweaver，并切换至"设计"工作界面，通过菜单或快捷键"Ctrl + Alt + I"插入一张图片，如图 9 - 20 所示。

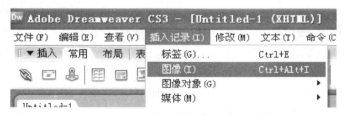

图 9 - 20   插入图片

第二步：选中该图片，这时会在下面出现关于图片的属性面板，在属性面板的左下角就是热点工具，如图 9 - 21 所示。

热点工具介绍：第一个是矩形热点工具，第二个是圆形热点工具，第三个是多边形热点工具。

图 9 - 21   找到热点工具

第三步：选择工具直接在图片上进行绘制。对不同的图形使用不同的工具，对于地图来讲，如果制作的热点需要精确的话用多边形热点工具即可。

这时要用鼠标一点一点地沿着边界单击，直至生成完整的热区为止，如图 9 - 22 所示。

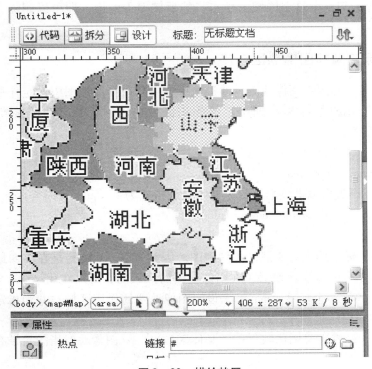

图 9 – 22　描绘热区

第四步：绘制完成后就要进行添加链接的操作，选中一个已绘制的热点区域，然后在属性面板的链接输入框中输入目标网址，如图 9 – 23 所示。

图 9 – 23　输入热区链接

第五步：依法炮制，陆续绘制其他热区图案并为之添加链接地址。

第六步：都链接完成后，进行保存，按 F12 键进行预览即可。

小技巧：

（1）在图像的某一个热点区域上单击，按住鼠标左键不放，可以拖动其进行位置移动，但所移动位置不能超过图像区域。

（2）在图像的某一个热点区域上单击，然后按 Delete 键，即可以删除某个已经生成的热区。

9.8.3 通过标签添加图像热区链接

< area > 标签主要用于图像地图，通过该标签可以在图像地图中设定作用区域（又称为"热点"），这样当用户的鼠标移到指定的作用区域单击时，会自动链接到预先设定好的页面。

语法如下：

< map > < area / > </map >

其中 < area > 标签可以带多个参数，具体语法格式为： < area class = type id = Valuehref = url alt = text shape = area – shape coods = value >。

说明：

（1） < map > 标签用来定义热区图像地图。因为 < area > 标签是在图像地图中划分作用区域的，因此其划分的作用区域必须在图像地图的区域内，所以在用 < area > 标签划分区域前必须用 HTML 的另一个标签 < map > 来设定图像地图的作用区域，并为指定的图像地图设定名称，该标签的用法很简单，即 < map name = " 图像地图名称" > …… </map >。

（2） < area > 标签定义图像映射中的具体区域（注：图像映射指的是带有可点击区域的图像）。

（3） < area > 标签总是嵌套在 < map > 标签中，且 < img > 标签中的 usemap 属性与 map 元素的 name 属性相关联，创建图像与映射之间的联系。

（4）class 参数是指图像热区链接上附加的样式类，可以省略。

（6）id 参数用来给图像热区进行编号，可以省略。

（7）href 参数用来注明链接需要跳转的目标地址。

（8）alt 参数用来给热区添加文字说明，可以省略。

（9）shape 参数用于设定热点的形状，coords 参数用于设定热点大小。两者一般配合使用。其基本用法如下：

" < area shape = " rect" coords = " x1，y1，x2，y2" href = url >" 表示设定热点的形状为矩形，左上角顶点坐标为（x1，y1），右下角顶点坐标为（x2，y2）。

" < area shape = " circle" coords = " x1，y1，r" href = url >" 表示设定热点的形状为圆形，圆心坐标为（x1，y1），半径为 r。

" < area shape = " poligon" coords = " x1，y1，x2，y2 ……" href = url >" 表示设定热点的形状为多边形，各顶点坐标依次为（x1，y1）、（x2，y2）、（x3，y3）……。

实例代码如下：

< img src = " planets. jpg" border = " 0" usemap = " #planetmap" alt = " Planets" / >
< map name = " planetmap" id = " planetmap" >
< area shape = " circle" coords = " 180，139，14" href = " venus. html" alt = " Venus" / >
< area shape = " circle" coords = " 129，161，10" href = " mercur. html" alt = " Mercury" / >
< area shape = " rect" coords = " 0，0，110，260" href = " sun. html" alt = " Sun" / >

＜／map＞

小技巧：

如果某个＜area＞标签中的坐标和其他区域发生了重叠，会优先采用最先出现的＜area＞标签。浏览器会忽略超过图像边界范围之外的坐标。

9.9　课堂练习

1. 练习内容

制作一个中国地理网站。

2. 练习目标

（1）熟练掌握网页文字链接的插入方法。

（2）熟练掌握网页图片链接的插入方法。

（3）熟练掌握各类链接的窗口打开方法。

（4）熟练掌握邮箱链接的使用方法。

（5）熟练掌握锚点链接的使用方法。

（6）熟练掌握图片热点链接的使用方法。

3. 具体要求

（1）新建一个站点，将其命名为"中国地理网站"。

（2）在站点中新建一个网页，作为首页，并设置栏目菜单"首页""中国地理手册""中国地图""风景美图"，每个菜单链接一个子页面。

（3）在首页显示一部分栏目板块的详细信息，在该板块中有"查看详情"的文字链接，单击后，可以通过新开窗口模式打开具体页面的链接。

（4）在首页底部插入一个"联系我们"的邮件链接。

（5）在"中国地理手册"中录入 8 条以上地理信息，并可以通过锚点链接到各信息处。

（6）在"中国地图"页面中，插入一张中国地图，并给各省份制作热点链接，新开窗口链往各省门户网站。

（7）"风景美图"显示各地风景图片，并且单击相关图片，可以打开详细图文介绍页面。

（8）页面美观大方。

（9）链接真实有效。

第 10 章　表格的设计应用

10.1　表格常识

表格，又称为表，既是一种可视化的交流模式，又是一种组织整理数据的手段。人们在通信交流、科学研究以及数据分析活动当中广泛采用形形色色的表格。各种表格常常出现于印刷介质、手写记录、计算机软件、建筑装饰、交通标志等。随着上下文的不同，用来确切描述表格的惯例和术语也会有所变化。此外，在种类、结构、灵活性、标注法、表达方法以及使用方面，不同的表格有很大差异。

在网页中，表格（table）是由一个或多个单元格构成的集合，表格中横向的多个单元格称为"行"（在 HTML 语言中以 < tr > 标签开始，以 </tr > 标签结束），垂直的多个单元格称为"列"（以 < td > 标签开始，以 </td > 标签结束），行与列的交叉区域称为单元格，网页中的元素就放置在这些单元格中。

在网页中，表格如图 10 - 1 所示。

图 10 - 1　表格样式

值得一提的是，在网页的设计中，表格不仅可以用来归纳放置文本、图片、多媒体等信息，更被广泛用于页面排版。

10.2　创建表格

10.2.1　利用可视化工具创建表格

通过 Dreamweaver 可以方便地进行表格的插入操作，方法如下：

第一步：将当前文档切换到"设计视图"窗口。

第二步：单击菜单栏的"插入记录"，再选择"表格"命令（或者按快捷键"Ctrl + Alt + T"），如图 10 - 2 所示。

第三步：接下来弹出一个表格设置窗口，可以通过它设置待插入的表格，如图 10 - 3 所示。其中，表格宽度的单位可以选择是像素还是百分比。像素是指具体的数值大小，百分比是指相对于父容器的尺寸，即插入的表格所占的比例。

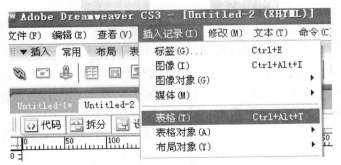

图 10-2 通过菜单插入表格

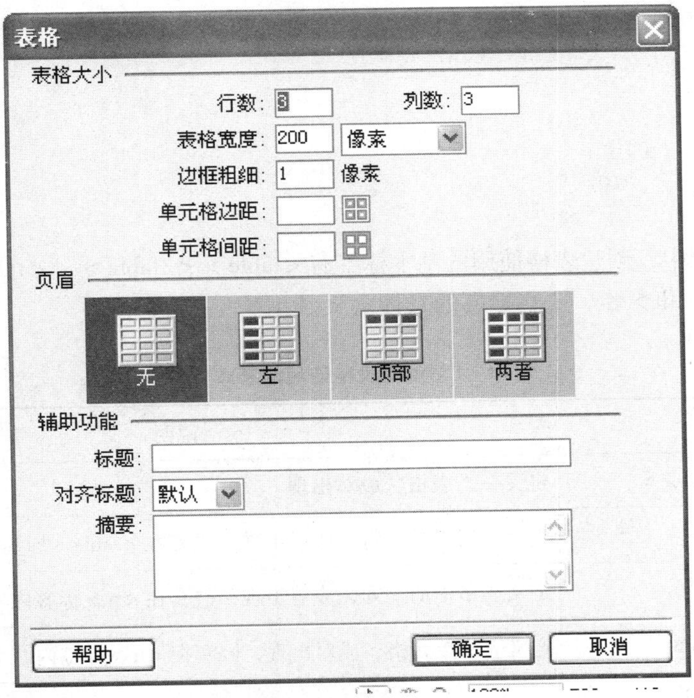

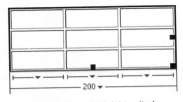

图 10-3 设置待插入表格

第四步：单击"确认"按钮，即可在页面中生成相应的表格，如图 10-4 所示。

图 10-4 表格插入成功

在插入的表格外层，会有与列对应的标绿色小三角箭头的线，还有绿色的标着数字的线。这是分别用来动态显示每列的列宽和整个表格总宽的数字标注。绿色小三角表示此处单元格尚未标注具体的宽度数字。当有具体数字时，则显示具体的数字。

通过这些线条和数字，可以很精准地控制表格的式样。

10. 2. 2　利用标签创建表格

在 HTML 文档中，也可以利用标签来创建表格。

表格由 < table > 标签定义。每个表格均有若干行（由 < tr > 标签定义），每行被分割为若干单元格（由 < td > 标签定义）。字母 td 指表格数据（table data），即数据单元格的内容。数据单元格可以包含文本、图片、列表、段落、表单、水平线、表格等。

语法如下：

< table >

< tr >

< td > …… </td >

……（ ）

</tr >

……

</table >

说明：

在 HTML 文档中，创建表格使用的基本标签有 < table > </table >、< tr > </tr >、< td > </td > 和 < th > </th > 等。这些标签的具体含义及用法见表 10 - 1。

表 10 - 1　创建表格使用的基本标签

标签	说明
< table > </table >	定义一个表格，成对出现
< tr > </tr >	定义表格中的一行，成对出现，嵌套在 < table > 标签内
< td > </td >	定义表格中的一列，成对出现，嵌套在 < tr > 标签内
< th > </th >	定义表头单元格，成对出现，嵌套在 < tr > 标签内，文本黑体居中

实例代码如下：

< html >

< body >

< p > 每个表格由 table 标签开始。</p >

< p > 每个表格行由 tr 标签开始。</p >

< p > 每个表格数据由 td 标签开始。</p >

< h4 > 一列：</h4 >

< table border = " 1" >

< tr >

< td > 100 </td >

</tr >

</table >

```
<h4>一行三列：</h4>
<table border = "1">
<tr>
<td>100</td>
<td>200</td>
<td>300</td>
</tr>
</table>
<h4>两行三列：</h4>
<table border = "1">
<tr>
<td>100</td>
<td>200</td>
<td>300</td>
</tr>
<tr>
<td>400</td>
<td>500</td>
<td>600</td>
</tr>
</table>
</body>
</html>
```

其执行结果如图 10 – 5 所示。

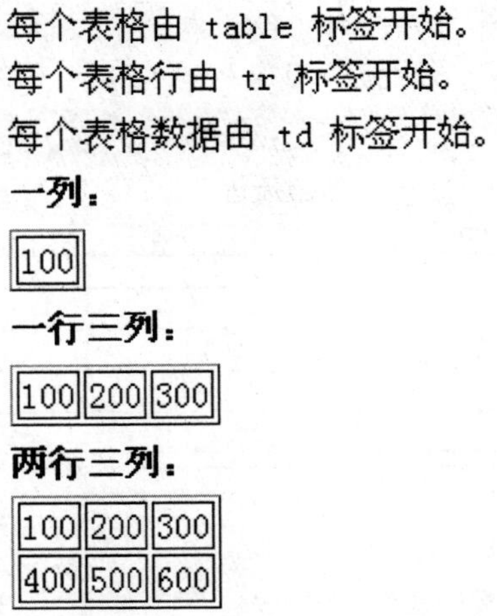

每个表格由 table 标签开始。

每个表格行由 tr 标签开始。

每个表格数据由 td 标签开始。

一列：

| 100 |

一行三列：

| 100 | 200 | 300 |

两行三列：

| 100 | 200 | 300 |
| 400 | 500 | 600 |

图 10 – 5 执行结果

10.3 编辑表格

10.3.1 利用可视化工具编辑表格

通过 Dreamweaver 可以方便地进行表格的编辑操作。

1. 选择表格

在可视化界面上，选择表格主要有以下几种方法：

（1）将鼠标光标移至单元格边框线上，当鼠标光标变为 ÷ 或 ╢ 形状时单击鼠标左键。

（2）将鼠标光标移至表格外框线上，当鼠标光标变为 ▦ 形状时，单击鼠标左键。

图 10 - 6 通过标签按钮选中表格

（3）在表格内部任意单元格中单击鼠标左键，然后在标签选择器中单击对应的 < table > 标签，如图 10 - 6 所示。

（4）将插入点置于表格的任意单元格中，表格上方或下方将显示绿线标志，单击最上方或最下方标有表格宽度的绿线中的小三角，在弹出的下拉菜单中选择"选择表格"命令，如图 10 - 7 所示。

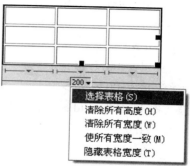

图 10 - 7 选择表格

2. 选择行或列

要选择某行或某列，可将光标置于该行左侧或该列顶部，当光标形状变为黑色箭头 → 或 ↓ 时单击鼠标左键，即可选中相应的行或列，如图 10 - 8、图 10 - 9 所示。

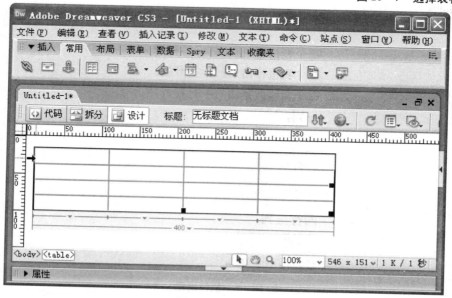

图 10 - 8 选中行

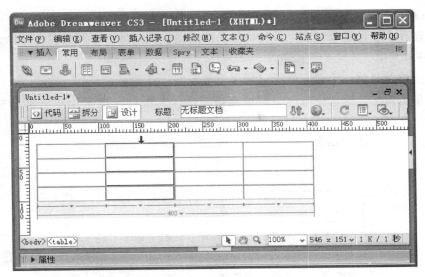

图 10 - 9　选中列

3. 选择单元格

在 Dreamweaver 中可以选择单个单元格，也可以选择连续的多个单元格或不连续的多个单元格。

要选择某个单元格，可先将插入点置于该单元格内，然后按"Ctrl + A"组合键或单击"标签选择器"中对应的 < td > 标签。

要选择连续的单元格，应首先在要选择的单元格区域的左上角单元格中单击，然后按住鼠标左键向右下角单元格方向拖动鼠标，最后松开鼠标左键。

如果希望选择一组不相邻的单元格，可按住 Ctrl 键单击选择各单元格。

4. 设置表格属性

选中表格后，可利用下方的"属性"面板查看或修改表格的行、列、宽，以及填充、间距、背景颜色、背景图像等属性，如图 10 - 10 所示。

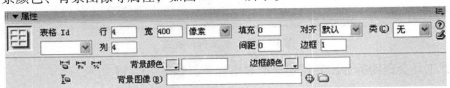

图 10 - 10　表格的"属性"面板

5. 设置单元格属性

在表格的某个单元格中单击，"属性"面板中将显示水平、垂直、宽、高等单元格属性，此时可通过"属性"面板设置其属性，如图 10 - 11 所示。

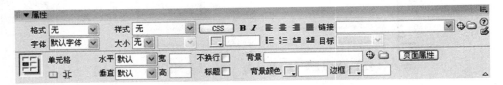

图 10 - 11　单元格的"属性"面板

6. 拆分与合并单元格

在网页制作中，经常会用到一些特殊结构的表格，此时就需要拆分或合并单元格。

1）拆分单元格

拆分单元格就是将一个单元格拆分成多个单元格。其方法如下：

首先，单击鼠标左键选中拟拆分的单元格，并在"属性"面板中单击拆分按钮，如图 10－12 所示。

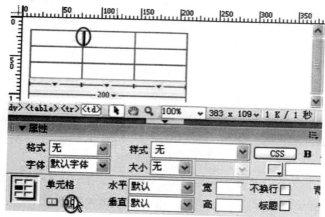

图 10－12　选中单元格

其次，在弹出的信息框中选择需要将选中的单元格拆分成行还是列，并注明拆分的行或列的数目，如图 10－13 所示。

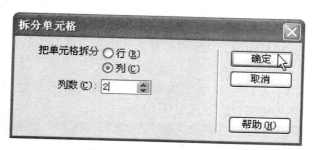

图 10－13　选择拆分模式

最后，工具会帮助拆分出我们想要的表格样子，如图 10－14 所示。

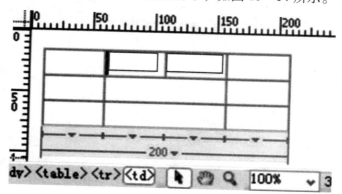

图 10－14　拆分效果

2）合并单元格

合并单元格，就是将相邻的几个单元格合并成一个单元格。具体操作方法如下：

首先，拖动鼠标选中要合并的连续单元格（假设选中第 1 行中间的 2 个单元格），然后单击"属性"面板上的"合并所选单元格，使用跨度"按钮，如图 10 – 15 所示。

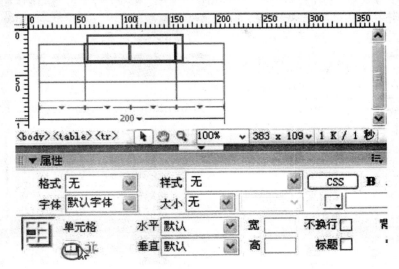

图 10 – 15　合并单元格

最后，选中的 2 个单元格成功合并为 1 个单元格，如图 10 – 16 所示。

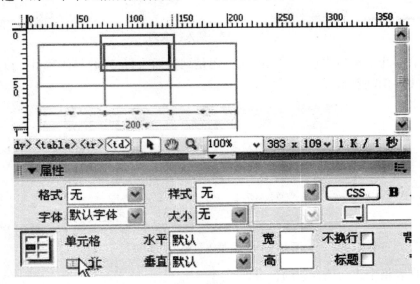

图 10 – 16　合并单元格效果

7．插入、删除行和列

在使用表格组织大量信息时，往往需要在创建好的表格中插入或删除行与列，以增加或减少记录。

1）插入行或列

首先，选择拟插入行或列的位置。

其次，单击鼠标右键，在弹出的菜单中选择"表格"/"插入行或列"命令，如图 10 – 17 所示。

图 10 – 17　插入行或列

再次，在弹出的窗口中选择插入的是行还是列，插入行/列的具体数目，以及选中插入位置，如图 10 – 18 所示。

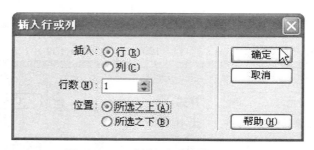

图 10 – 18　"插入行或列"对话框

最后，在表格中成功插入新的行或列。

2）删除行或列

首先，选择拟删除的行或列的位置。

其次，单击鼠标右键，在弹出的菜单中选择"表格"/"删除"命令即可。其方法基本相似于插入行或列的操作。

小技巧：

如果要快速删除行或列，也可拖动鼠标选中行或列，直接按 Delete 键。

8. 表格排序

在 Dreamweaver 中，可以按照表格中的内容进行排序，操作方法如下：

首先，选中拟进行排序的表格，如图 10 – 19 所示。

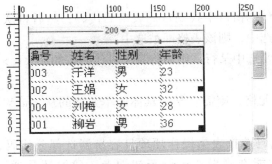

图 10 – 19　选中表格

然后，选择排序模式，如图 10 – 20 所示。

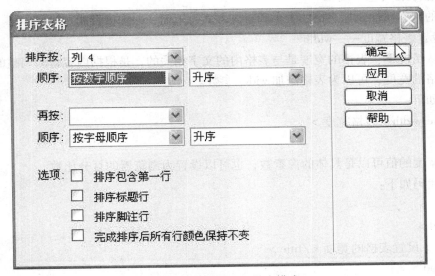

图 10 – 20　设置表格排序模式

最后，成功完成表格排序，如图 10 – 21 所示。

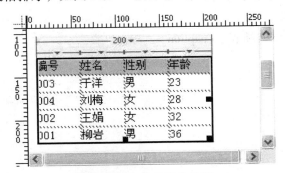

图 10 – 21　表格排序结果

10.3.2　利用标签编辑表格

1. 选择表格、行或单元格

利用标签，需要在代码窗口中找到目标表格的代码，然后将从 < table > 至 </table > 之间的所有代码全部拖黑选中，则该表格即被选中。

同样的道理，如果要选中某行，则需将某个具体的行的从 < tr > 至 </tr > 之间的所有代码全部拖黑选中。

如果要选中某个单元格，则需将某个具体的单元格的从 < td > 至 </td > 之间的所有代码全部拖黑选中。

注意：通过标签代码选择表格操作烦琐且容易漏选部分代码，所以必须是对代码阅读和操作很熟练的人才能准确操作。对于初学者，建议还是通过可视化的设计界面选择为宜。

2. 设置表格的基本属性

表格的基本属性包括表格的大小和对齐方式，下面一一加以说明。

1）设置表格宽度——width

在默认情况下，表格的宽度是与表格内的文字相关的，是根据内容自动调整的。如果想要指定表格的宽度，可以为表格添加 width 参数。

语法如下：

< table width = 表格宽度 >

说明：

表格宽度的值可以是具体的像素数，也可以设置为浏览器的百分比数。

实例代码如下：

```
< html >
< head >
< title >设置表格的宽度 </title >
</head >
< body >
<！ - -设置表格的宽度为浏览器的90% - - >
< table width =90% >
< caption >期中考试成绩表 </caption >
< tr >
< th >姓名 </th >
< th >语文 </th >
< th >数学 </th >
< th >英语 </th >
< th >物理 </th >
< th >化学 </th >
</tr >
```

```
< tr >
< td >章弹来 </td >
< td >94 </td >
< td >79 </td >
< td >93 </td >
< td >72 </td >
< td >75 </td >
</tr >
< tr >
< td >冯童 </td >
< td >79 </td >
< td >85 </td >
< td >74 </td >
< td >59 </td >
< td >73 </td >
</tr >
< tr >
< td >李四国 </td >
< td >94 </td >
< td >99 </td >
< td >95 </td >
< td >89 </td >
< td >83 </td >
</tr >
</table >
</body >
</html >
```

运行这段代码，调整浏览器的宽度后，表格的宽度也会随之变化。

小技巧：

如果想使表格的宽、高固定，那么可以将表格中的宽度值设置为固定的像素数，这样即便浏览器大小变化，表格也不会随之变化。

2）设置表格高度——height

设置表格高度的方法与设置表格宽度的方法相同，也可以将表格的高度设置为浏览器高度的百分比或者固定的像素数。

语法如下：

```
< table height = 表格高度 >
```

实例代码如下：

```
< html >
< head >
```

```
<title>设置表格的高度</title>
</head>
<body>
<! --设置表格的宽度为浏览器的90%，高度为200 像素 -->
<table width=90% height=200>
<caption>期中考试成绩表</caption>
<tr>
<th>姓名</th>
<th>语文</th>
<th>数学</th>
<th>英语</th>
<th>物理</th>
<th>化学</th>
</tr>
<tr>
<td>陆小凤</td>
<td>82</td>
<td>98</td>
<td>93</td>
<td>98</td>
<td>89</td>
</tr>
<tr>
<td>花满楼</td>
<td>89</td>
<td>85</td>
<td>74</td>
<td>99</td>
<td>73</td>
</tr>
</table>
</body>
</html>
```

运行这段代码，可以看到由于将表格高度设为固定的像素数，无论浏览器如何变化，表格的高度都保持不变。

3）表格的对齐方式——align

表格的对齐方式用于设置整个表格在网页中的位置。

语法如下：

`<table align="表格对齐方式">`

说明：

align 参数的取值可以为 left、center 或者 right。

实例代码如下：

```
< html >
< head >
< title > 设置表格对齐方式 </title >
</head >
< body >
< table align = " center" width = 600 >
< caption > 通信录 </caption >
< tr >
< th > NAME </th >
< th > ADDRESS </th >
< th > TEL </th >
< th > E – MAIL </th >
</tr >
< tr >
< td > 张柏强 </td >
< td > 上海市文化区东王庄 183 号 </td >
< td > 0313 – 83546675 </td >
< td > zzdd@ 163. com. cn </td >
</tr >
< tr >
< td > 李万里 </td >
< td > 山东省烟台市芝罘区楚风一街 8 – 93 号楼 </td >
< td > 0535 – 63546874 </td >
< td > LIWANLI165@ 163. net </td >
</tr >
</table >
</body >
</html >
```

运行这段代码，可以看到表格的内容居中显示。

4）设置表格的边框宽度——border

在默认情况下，表格是不显示边框的。为了使表格更加清晰，可以使用 border 参数设置边框的宽度。

语法如下：

< table border = 边框宽度 >

说明：

只有设定了 border 参数，且其值不为 0，在网页中才能显示出表格的边框。border 的单位为像素。

实例代码如下：

```
<html>
<head>
<title>设置表格边框</title>
</head>
<body>
<table width=600 border=1>
<caption>通信录</caption>
<tr>
<th>NAME</th>
<th>ADDRESS</th>
<th>TEL</th>
<th>E-MAIL</th>
</tr>
<tr>
<td>张柏强</td>
<td>上海市文化区东王庄183号</td>
<td>0313-83546675</td>
<td>zzdd@163.com.cn</td>
</tr>
<tr>
<td>李万里</td>
<td>山东省烟台市芝罘区楚风一街8-93号楼</td>
<td>0535-63546874</td>
<td>LIWANLI165@163.net</td>
</tr>
</table>
</body>
</html>
```

运行此程序，表格的边框宽度为1像素，由于第一行"通信录"为表格的标题，因此其周围并没有边框。

5）表格边框的颜色——bordercolor

在默认情况下，表格边框的颜色是灰色，为了让表格更鲜明，可以使用bordercolor参数设置不同的表格边框颜色，但是设置边框颜色的前提是边框宽度不能为0，否则无法显示应有的效果。

语法如下：

`<table border=边框宽度 bordercolor=" 边框颜色">`

说明：

在该语法中，边框宽度不能为0，边框颜色为16位颜色代码。

实例代码如下：

```
<html>
<head>
<title>设置边框颜色</title>
</head>
<body>
<table width=600 border=3 bordercolor="#9933CC">
<caption>A厂某月工资表</caption>
<tr>
<th>姓名</th>
<th>基本工资</th>
<th>岗位工资</th>
<th>本月奖金</th>
</tr>
<tr>
<td>崔维军</td>
<td>1000</td>
<td>1500</td>
<td>1300</td>
</tr>
<tr>
<td>范勇</td>
<td>800</td>
<td>1000</td>
<td>850</td>
</tr>
</table>
</body>
</html>
```

运行这段代码，看到表格的边框颜色发生了变化。

6）内框宽度——cellspacing

表格的内框宽度是指表格内部各个单元格之间的距离。

语法如下：

```
<table cellspacing=内框宽度>
```

说明：

内框宽度的单位为像素。

实例代码如下：

```
<html>
```

```
< head >
< title > 设置表格内框宽度 </title >
</head >
< body >
< table width = 660 border = 1 bordercolor = "  #990000" cellspacing = 10 >
< caption > 通信录 </caption >
< tr >
< th > 姓名 </th >
< th > 地址 </th >
< th > 电话 </th >
< th > 电子邮件 </th >
</tr >
< tr >
< td > 丁子恒 </td >
< td > 北京市海淀区东王庄 183 号 </td >
< td >010 – 83546675 </td >
< td > ddzz@ yahoo. com. cn </td >
</tr >
< tr >
< td > 王奇安 </td >
< td > 南京市雨花路 875 号 </td >
< td >0352 – 87457454 </td >
< td > wqa@ 163. com </td >
</tr >
</table >
</body >
</html >
```

运行这段代码，可以看到表格中单元格之间的距离拉大了。

7）设置表格的背景色——bgcolor

为了突出显示表格，还可以为表格设置与页面不同的背景。设置表格背景，最简单的就是给表格设置背景颜色。

语法如下：

< table bgcolor = " 颜色代码" >

说明：

表格的背景颜色，其颜色代码是十六进制的 HEX 值。

实例代码如下：

```
< html >
< head >
< title > 设置表格背景 </title >
```

</head >
< body >
< table bgcolor = " #DDCCFF" border = 1 bordercolor = " #990000" cellspacing = 3 cellpadding = 10 >
< caption > 通信录 </caption >
< tr >
< th > 姓名 </th >
< th > 地址 </th >
< th > 电子邮件 </th >
< th > 电话 </th >
</tr >
< tr >
< td > 方代合 </td >
< td > 湖南省衡阳市衡阳路 666 号 </td >
< td > fdhe@ yahoo. com. cn </td >
< td > 13100548547 </td >
</tr >
< tr >
< td > 赵提安 </td >
< td > 北京市海淀区苏州街 1122 号 </td >
< td > zhta@ 163. com </td >
< td > 13045700506 </td >
</tr >
</table >
</body >
</html >

运行这段代码，可以看到给表格设置了淡紫色的背景颜色。

小技巧：

对于一些常见颜色，如果不知道其 HEX 值，也可以直接写其英文单词，同样有效，如：
< table bgcolor = red > 。

8）设置表格的背景图像——background

除了可以为表格设置背景颜色之外，还可以设置背景图像，让表格更加绚丽。

语法如下：

< table background = " 背景图片的地址" >

说明：

背景图片的地址可以设置为相对地址，也可以设置为绝对地址。

实例代码如下：

< html >

< head >

```
< title > 设置表格背景 </title >
</head >
< body >
< table background = " pic01. jpg" border = 1 bordercolor = " #660000" cellpadding = 5 >
< caption > 通信录 </caption >
< tr >
< th > 姓名 </th >
< th > 地址 </th >
< th > 电子邮件 </th >
</tr >
< tr >
< td > 方代合 </td >
< td > 湖南省衡阳市衡阳路 666 号 </td >
< td > fdhe@ yahoo. com </td >
</tr >
< tr >
< td > 赵提安 </td >
< td > 北京市海淀区苏州街 1122 号 </td >
< td > zhta@ 163. com </td >
</tr >
</table >
</body >
</html >
```

运行这段代码，可以看到给表格设置了背景图像。

10.3 课堂练习

1. 练习目标

（1）熟练掌握表格的建立方法。

（2）学会使用表格进行排版。

（3）熟练掌握表格的背景颜色设置方法。

（4）熟练掌握在表格中插入图片的方法。

2. 练习题目

通过表格的合理应用，制作一个类似图 10 - 22 所示格局的网站，并自行选择插入适当图片美化网站。

图 10 - 22　练习例图

3. 练习要求

（1）必须符合实例图中的表格结构。

（2）插入图片与颜色的操作正确。

（3）综合应用表格的合并与拆分功能。

（4）综合应用表格的嵌套进行排版。

（5）页面美观大方。

第 11 章　模板与库

在创建网站的多个网页的时候，通常可以将多个网页的共同部分创建为一个模板，然后供多个网页调用，以实现网页代码的重复利用。也可以把局部重复出现的内容做成库文件，以便于反复多次调用。

11.1　模板的应用

模板，是指作图或设计方案的固定格式。

网页模板，是指制作网页时所用到的统一标准或模式。通常，网页模板可以决定文档的基本结构和文档设置，例如字符格式、段落格式、页面格式等。

11.1.1　创建模板文档

在 Dreamweaver 中，常用的创建模板文档的方法有两种：一种是新建空白模板文档，然后像制作普通网页一样制作和编辑模板内容；还有一种是将已经制作好的普通网页转换为模板。

1. 新建空白模板文档

在 Dreamweaver 中创建的空白模板文档与空白网页文档相同，只是模板文档的扩展名为"dwt"。当用户创建并保存空白模板文档后，可以像编辑普通网页一样编辑模板文档。

首先，启动 Dreamweaver，在设计界面中，在菜单栏中单击"文件"/"新建"。

其次，选择"新建文档"，然后选择"空模板"/"HTML 模板"，选择具体布局，最后单击"创建"按钮即可，如图 11－1 所示。

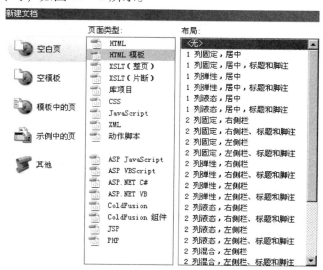

图 11－1　创建空白模板

2. 将现有网页转换成模板

在实际的网页制作过程中，也可以将网站中已经存在的某个网页另存为模板，然后再利用该模板制作与其结构相同的其他网页。其方法如下：

首先，单击菜单栏中的"文件"，在弹出的子菜单中选择"另存为模板"，如图 11 – 2 所示。

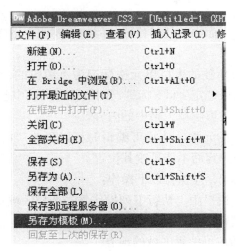

图 11 – 2　另存为模板

其次，在弹出的"另存模板"对话框中选择站点，并输入模板名即可生成一个新的模板文件，如图 11 – 3 所示。

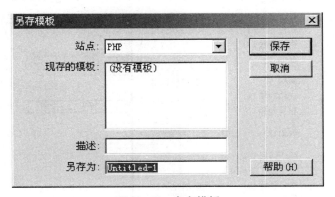

图 11 – 3　命名模板

11. 1. 2　编辑模板文档

模板制作完成后，在制作具体的页面时还需要对模板进行修改或添加内容用。那么如何编辑模板文件呢？

1. 创建可编辑区域

制作模板的时候，用户可以自定义模板的可编辑区域和非可编辑区域，可编辑区域将在调用模板的网页中再次填充代码或图文内容。

可编辑区域是指模板中尚未被工具软件锁定的部分，也就是在基于模板创建的文档中可以编辑的区域。

在 Dreamweaver 中，要想使制作的模板有效，则该模板至少要包含一个可编辑的区域。如果没有，就必须创建。

在插入可编辑区域之前，应该将正在其中工作的文档另存为模板。

注意：如果在文档（而不是模板文件）中插入一个可编辑区域，Dreamweaver 会警告该文档将自动另存为模板。

可以将可编辑区域放在页面中的任何位置，但如果要使表格或层可编辑，则需考虑以下情况：

（1）可以将整个表格或单独的表格单元格标记为可编辑的，但不能将多个表格单元格标记为单个可编辑区域。如果选定 <td> 标签，则可编辑区域中包括单元格周围的区域；如果未选定，则可编辑区域将只影响单元格中的内容。

（2）层和层内容是单独的元素。使层可编辑时可以更改层的位置及其内容，而使层的内容可编辑时只能更改层的内容而不能更改其位置。

若要插入可编辑模板区域，应执行以下操作：

①第一步，在"文档"窗口中，执行下列操作之一选择区域：

a. 选择想要设置为可编辑区域的文本或内容。

b. 将插入点放在想要插入可编辑区域的地方。

②第二步，执行下列操作之一插入可编辑区域：

a. 在菜单栏中，选择"插入记录"/"模板对象"/"可编辑区域"，如图 11 –4 所示。

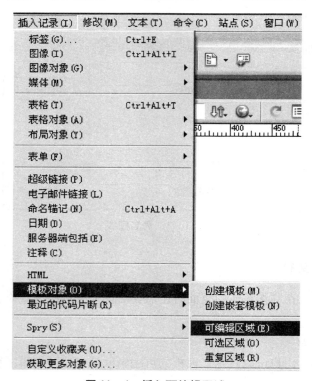

图 11 –4   插入可编辑区域

b. 用鼠标右键单击（Windows）或按住 Ctrl 键单击（Macintosh），然后选择"模板"/"新建可编辑区域"。

c. 在"插入"栏的"常用"类别中，单击"模板"按钮上的箭头，然后选择"可编辑区域"，如图 11－5 所示。

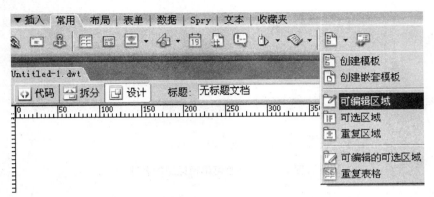

图 11－5　从"常用"类别中插入可编辑区域

（3）第三步，在接下来出现的"新建可编辑区域"对话框中添加相关信息，如图 11－6 所示。

在"名称"文本框中为该区域输入唯一的名称。不能对特定模板中的多个可编辑区域使用相同的名称。

注意：不要在"名称"文本框中使用特殊字符。

添写完毕，单击"确定"按钮即可生成可编辑区域。

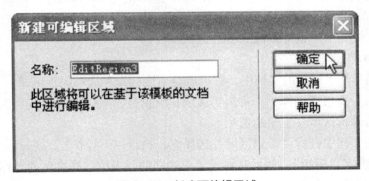

图 11－6　新建可编辑区域

通常，可编辑区域在模板中由高亮显示的矩形边框围绕，该边框使用在首选参数中设置的高亮颜色。该区域左上角的选项卡显示该区域的名称。如果在文档中插入空白的可编辑区域，则该区域的名称会出现在该区域内部。

2．更改可编辑区域的名称

插入可编辑区域后，可以更改它的名称。

若要更改可编辑区域的名称，应执行以下操作：

（1）单击可编辑区域左上角的选项卡以选中它。

（2）在属性检查器（"窗口"/"属性"）中，输入一个新名称。

（3）按 Enter 键（Windows）或 Return 键（Macintosh）。

Dreamweaver 会自动将新名称应用于可编辑区域，如图 11 - 7 所示。

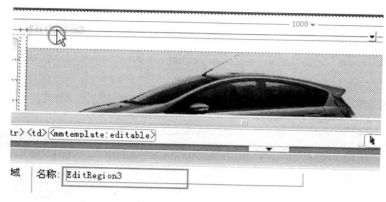

图 11 - 7　更改可编辑区域的名称

3. 删除可编辑区域标记

如果已经将模板文件的一个区域标记为可编辑，而现在想再次锁定它（使其在基于模板的文档中不可编辑），应使用"删除模板标记"命令。

若要删除可编辑区域，应执行以下操作：

（1）单击可编辑区域左上角的选项卡以选中它。

（2）执行下列操作之一：

a. 选择"修改"/"模板"/"删除模板标记"。

b. 用鼠标右键单击（Windows）或按住 Ctrl 键单击（Macintosh），然后选择"模板"/"删除模板标记"。

至此，该区域就不再是可编辑区域了。

4. 选择可编辑区域

在模板文档和基于模板的文档中，都可以容易地标识和选择模板区域。

要在"文档"窗口中选择一个可编辑区域，应执行以下操作：

（1）单击可编辑区域左上角的选项卡。

（2）若要在文档中查找可编辑区域并选择它，执行以下操作：

选择"修改"/"模板"，然后从该子菜单底部的列表中选择区域的名称。

注意：重复区域内的可编辑区域不会出现在该菜单中，必须通过在"文档"窗口中查找选项卡式的边框来定位这些区域。

至此，可编辑区域即在文档中被选定。

11.1.3　应用模板创建网页文档

1. 使用"新建文档"对话框创建文档

使用"新建文档"对话框创建基于模板的网页与创建普通网页的方法差不多。

首先，在菜单栏中单击"文件"/"新建"。

其次，在弹出的"新建文档"窗口中先选择"模板中的页"，然后选中对应的站点，再选中站点中应用的模板，右侧会出现选中模板的预览效果。

如果效果无误，接下来单击右下角的"创建"按钮即可，如图 11－8 所示。

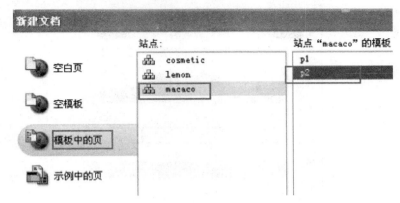

图 11－8　新建模板文档

最后，模板文档就会生成。

小技巧：

为保证页面效果的最新性和提高工作速度，建议单击选中"当模板改变时更新页面"。

2. 使用"资源"面板创建文档

"资源"面板主要用于对网站中的资源进行分类管理，这些资源包括图像、颜色、链接地址、动画、库和模板等。由于"资源"面板中显示的是当前站点中的资源，所以在使用"资源"面板前，应先将当前站点设置为目标站点，然后就可以创建网页了。操作方法如图 11－9、图 11－10 所示。

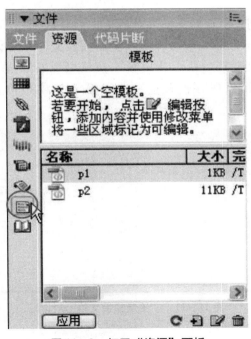

图 11－9　打开"资源"面板

图 11 - 10　通过"资源"面创建模板文档

11. 1. 4　管理模板

　1. 更新模板

　　创建模板并应用它创建网页后，如果对模板中的某些部分不满意，可对其进行修改。在修改完毕并保存时，Dreamweaver 会弹出"更新模板文件"对话框，提示是否更新站点中基于该模板创建的网页文档，单击"更新"按钮可更新通过该模板创建的所有网页，单击"不更新"按钮，则只保存模板而不更新基于该模板创建的网页，如图 11 - 11 所示。

图 11 - 11　"更新模板文件"对话框

　2. 删除模板

　　如果用户不需要使用某个模板，可将其删除。在"资源"面板中选中待删除的模板，按"删除"按钮即可。操作方法如图 11 - 12 所示。

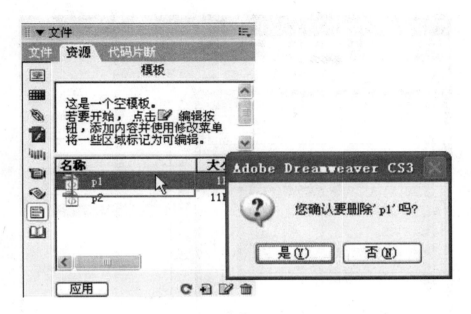

图 11 – 12　删除模板

3. 分离模板

如果用户需要对网页中的不可编辑区域进行编辑，可以直接将网页文档与模板分离。分离后的文档就变成了普通的网页文档，可以像编辑普通的网页文档一样对其进行编辑操作，但更新原模板文档后，分离后的文档无法再自动更新。

打开使用模板创建的网页，选择菜单栏中的"修改"／"模板"／"从模板中分离"，即可使网页脱离该模板。

11.2　库的应用

库项目是一种特殊类型的 Dreamweaver 文件，可以将当前网页中的任意页面元素定义为库项目，如图像、表格、文本、声音和 Flash 影片等。当需要使用某个库项目的时候，直接将其从"资源"面板中拖动到网页中就可以了。

11.2.1　创建库项目

在 Dreamweaver 中，创建库项目的方法非常简单。打开文档后，首先选中对象，然后选择"修改"／"库"／"增加对象到库"，即可将所选对象创建为库项目。

库项目建立后，可以在右下角的"文件"面板中进行查看。

在"文件"面板中，先单击"资源"书签页，然后在该书签的左下方找到一个书本样式的小图标按钮，单击此按钮就可以看到刚建立的库项目了。其建成效果如图 11 – 13 所示。

需要注意的是，在创建库项目前必须保证"文件"面板中显示的是目标站点，也就是库项目要保存的站点。

图 11-13　生成库项目

11.2.2　应用库项目

建立完库项目后，在网页中应用库项目的操作是非常简单和方便的，方法有以下几种：

（1）在 Dreamweaver 的工作界面右下方打开"文件"/"资源"面板，单击库项目的图标，在接下来出现的库窗格中选中拟应用的库文件，用鼠标按住将其拖入网页文档的适当位置即可。

（2）也可以先在网页文档中单击一下鼠标，定位插入点后，再选中库中拟应用的项目，然后单击"资源"面板底部的"插入"按钮，即可将库项目插入文档。

小技巧：

在 Dreamweaver 中，为了便于对库内容进行排版与编辑，库项目插入网页中后，其生成的部分会被自动加入一层淡黄色的底色，通过该底色，可以快速定位库文件和库文件所生成的 HTML 代码，继而进行各类移动、修改、删除操作。

11.2.3　编辑库项目

1. 修改库项目名称

选择"文件"/"资源"，找到库项目，然后用鼠标右键单击选择"重命名"，即可对库项目的名称进行重新编辑，如图 11-14 所示。

小技巧：

如果想通过鼠标单击来修改库项目名，一定要单击面板中的名称部分。如果单击前方的小图标，则可选中该库项目。

图 11 – 14 为库项目改名

2. 编辑库项目内容

要编辑库项目内容,可在"资源"面板中双击库项目,Dreamweaver 会在文档编辑窗口中打开该库项目。接下来,只需要像普通网页文件一样修改和保存即可。

小技巧:

当库项目插入某个网页后,也可以在该网页中对这个库项目所生成的部分网页内容进行修改和调整,但修改效果只局限于该网页。库项目自身和其他应用该库项目的网页并不受影响。

如果希望该修改影响所有应用库项目的网页,则需要直接编辑库项目。当完成某库项目的编辑修改后,Dreamweaver 会提醒是否更新网页,选择"是"即可完成对整个站点中应用该库项目的网页文件的更新替换。

11.3　课堂练习

练习一:

1. 练习目标

(1) 熟练掌握模板的建立方法。

(2) 学会使用模板进行页面排版。

2. 练习题目

制作一个个人网站,包括"首页""我的介绍""我的爱好""我的照片"和"我的朋友"几个子页面。要求除了首页需要独立样式设计外,其他页面都通过将"我的介绍"页面转化为模板并反复应用来制作完成。

3. 练习要求

(1) 必须正确应用模板。

(2) 页面美观大方。

练习二：

1. 练习目标

（1）熟练掌握库项目的建立方法。

（2）学会使用库项目进行页面排版。

2. 练习题目

通过库项目的合理应用，制作一个课程学习的网站。

3. 练习要求

（1）需将页头部分、导航菜单部分、页脚部分分别定义成三个不同的库项目。

（2）请在各个页面中应用上述三个库项目。

（3）页面合理布局，美观大方。

第 12 章　CSS 应用

12.1　CSS 基础

1. 什么是 CSS

CSS，又名层叠样式表（英文全称：Cascading Style Sheets），一般简称样式表，是一种用来表现 HTML 或 XML 等文件样式的计算机语言。CSS 不仅可以静态地修饰网页，还可以配合各种脚本语言动态地对网页各元素进行格式化。

CSS 能够对网页中元素位置的排版进行像素级的精确控制，支持几乎所有的字体、字号样式，拥有对网页对象和模型样式编辑的能力。

2. CSS 的特点

CSS 为 HTML 标记语言提供了一种样式描述，定义了其中元素的显示方式。CSS 在 Web 设计领域是一个突破。利用它可以实现修改一个小的样式而更新与之相关的所有页面元素。

总体来说，CSS 具有以下特点。

1）丰富的样式定义

CSS 提供了丰富的文档样式外观，以及设置文本和背景属性的能力；允许为任何元素创建边框，设置元素边框与其他元素间的距离，以及元素边框与元素内容间的距离；允许随意改变文本的大、小写方式，修饰方式以及其他页面效果。

2）易于使用和修改

CSS 可以将样式定义在 HTML 元素的 style 属性中，也可以将其定义在 HTML 文档的 header 部分，还可以将样式声明在一个专门的 CSS 文件中，以供 HTML 页面引用。总之，CSS 样式表可以将所有的样式声明统一存放，进行统一管理。

另外，可以将相同样式的元素进行归类，使用同一个样式进行定义，可以将某个样式应用到所有同名的 HTML 标签中，也可以将一个 CSS 样式指定到某个页面元素中。如果要修改样式，只需要在样式列表中找到相应的样式声明进行修改。

3）多页面应用

CSS 样式表可以单独存放在一个 CSS 文件中，这样就可以在多个页面中使用同一个 CSS 样式表。CSS 样式表理论上不属于任何页面文件，在任何页面文件中都可以将其引用。这样就可以实现多个页面风格的统一。

4）层叠

简单地说，层叠就是对一个元素多次设置同一个样式，这将使用最后一次设置的属性值。例如对一个站点中的多个页面使用同一套 CSS 样式表，而某些页面中的某些元素想使用其他样式，就可以针对这些样式单独定义一个样式表应用到页面中。这些后来定义的样式将对前面的样式设置进行重写，在浏览器中看到的将是最后设置的样式效果。

5）页面压缩

在使用 HTML 定义页面效果的网站中，往往需要大量或重复的表格和 font 元素形成各种规格的文字样式，这样做的后果就是会产生大量的 HTML 标签，从而使页面文件的体积增加。而将样式的声明单独放到 CSS 样式表中，可以大大地减小页面的体积，这样在加载页面时所用的时间也会大大地减少。另外，CSS 样式表的复用更大程度地缩减了页面的体积，缩短了下载的时间。

3. 工作原理

CSS 是一种定义样式结构如字体、颜色、位置等的语言，被用于描述网页上的信息格式化和现实的方式。CSS 样式可以直接存储于 HTML 网页或者单独的样式单文件。无论哪一种方式，样式单包含将样式应用到指定类型的元素的规则。外部使用时，样式单规则被放置在一个带有文件扩展名"_css"的外部样式单文档中。

样式规则是可应用于网页中元素，如文本段落或链接的格式化指令。样式规则由一个或多个样式属性及其值组成。内部样式单直接放在网页中，外部样式单保存在独立的文档中，网页通过一个特殊标签链接外部样式单。

CSS 名称中的"层叠（cascading）"表示样式单规则应用于 HTML 文档元素的方式。具体地说，CSS 样式单中的样式形成一个层次结构，更具体的样式覆盖通用样式。样式规则的优先级由 CSS 根据这个层次结构决定，从而实现级联效果。

4. Dreamweaver 工具对 CSS 的支持

创建 CSS 样式表的过程，就是对各种 CSS 属性的配置过程，所以了解和掌握属性配置很重要。Dreamweaver 中的 CSS 样式包含了 W3C 规范定义的任何 CSS1 的属性，这些属性分为类型、背景、区块、方框、边框、列表、定位、扩展等 8 个部分，如图 12 – 1 所示。

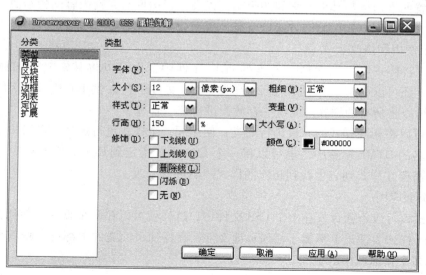

图 12 – 1　CSS 界面

在 Dreamweaver 中实现 CSS 属性配置功能是完全可视化的，无须编写代码。下面分别讲解，为了便于理解，从开始创建新的 CSS 样式表讲起。

12.2　创建 CSS 样式

将插入点放在文档中，然后执行以下操作：

第一步，在"CSS 样式"面板（"窗口"/"CSS 样式"）中，单击面板右下角的"新建 CSS 样式"按钮，如图 12-2 所示：

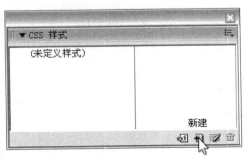

图 12-2　样式窗口

第二步：在文本属性检查器中，从"样式"弹出式菜单中选择"管理样式"，然后在出现的对话框中单击"新建"。

第三步：在"相关 CSS"选项卡（选择"窗口"/"标签检查器"，然后单击"相关 CSS"选项卡）中单击鼠标右键，然后从上下文菜单中选择"新建规则"。

第四步：选择"文本"/"CSS 样式"/"新建（N）…"。"新建 CSS 样式"对话框随即出现，如图 12-3 所示。

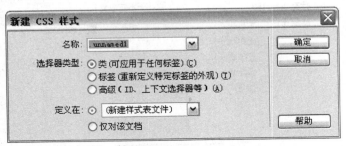

图 12-3　"新建 CSS 样式"对话框

第五步：定义要创建的 CSS 样式的类型：

若要创建可作为 class 属性应用于文本范围或文本块的自定义样式，选择"创建自定义样式（Class）"，然后在"名称"文本框中输入样式名称。

注意：

类名称必须以句点开头，并且能够包含任何字母和数字组合（例如"mycss"）。假如没有输入开头的句点，工具将自动输入。

若要重定义特定 HTML 标签的默认格式，选择"重定义标签"，然后在"标签"字段中输入一个 HTML 标签，或从弹出式菜单中选择一个标签。

若要为某个具体标签组合或任何包含特定 Id 属性的标签定义格式，选择"使用 CSS 选择器"，然后在"选择器"文本框中输入一个或多个 HTML 标签，或从弹出式菜单中选择一个标签。弹出式菜单中提供的选择器（称作伪类选择器）包括 a：active、a：hover、a：link 和 a：visited。

选择定义样式的位置：

若要创建外部样式表，选择"新建样式表文档"。

若要在当前文档中嵌入样式，选择"仅对该文档"。

最后，单击"确定"按钮即可。

12.3 CSS 分类属性设置

12.3.1 CSS "类型" 属性

1. 定义 CSS "类型" 属性

使用"CSS 样式定义"对话框中的"类型"类别能够定义 CSS 样式的基本字体和类型配置。

2. 定义 CSS 样式的"类型"配置

在"CSS 样式定义"对话框中，选择"类型"，如图 12-4 所示，然后配置所需的样式属性。

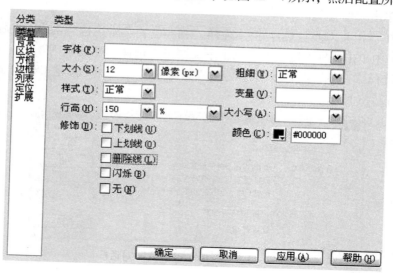

图 12-4 "类型"属性

注意，假如认为下列任意属性不重要，可保留为空：

（1）字体：为样式配置字体。Dreamweaver 内置多个系列的英文字体，如图 12-5 所示。

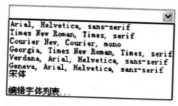

图 12-5 字体

一般英文字体常用"Arial，Helvetica，sans‑serif"这个系列，比较美观，假如不用这些字体系列，可通过下拉列表最下面的"编辑字体列表"来创建新的字体系列。中文网页默认字体是宋体，一般留空即可。浏览器最好选择用户系统第一种字体显示文本。两种浏览器都支持字体属性。

（2）大小：定义文本大小。可通过选择数字和度量单位选择特定的大小，也可选择相对大小。以像素为单位能够有效地防止浏览器变形文本。

提示：CSS 中长度的单位分绝对长度单位和相对长度单位，表示如下：

①px（像素）：根据显示器的分辨率来确定长度。

②pt（字号）：根据 Windows 系统定义的字号来确定长度。

③in、cn、mm（英寸、厘米、毫米）：根据显示的实际尺寸来确定长度。此类单位不随显示器分辨率的改变而改变。

④em：当前文本的尺寸。例如：｛font‑size：2em｝是指文字大小为原来的 2 倍。

⑤ex：当前字母"x"的高度，一般为字体尺寸的一半。

⑥%：以当前文本的百分比定义尺寸。例如：｛font‑size：300%｝是指文字大小为原来的 3 倍。

（3）样式：将"正常""斜体"或"偏斜体"指定为字体样式。默认配置是"正常"。两种浏览器都支持样式属性。

（4）行高：配置文本所在行的高度。选择"正常"自动计算字体大小的行高，或输入一个确切的值并选择一种度量单位。比较直观的写法用百分比，例如 180% 是指行高等于文字大小的 1.8 倍。相对应的 CSS 属性是"line‑height"。两种浏览器都支持行高属性。

（5）修饰：向文本中添加下划线、上划线或删除线，或使文本闪烁。正常文本的默认配置是"无"。链接的默认配置是"下划线"。将链接配置设为无时，能够通过定义一个特别的类删除链接中的下划线。这些效果能够同时存在，将效果前的复选框选定即可。相对应的 CSS 属性是"text‑decoration"。两种浏览器都支持修饰属性。

（6）粗细：对字体应用特定或相对的粗体量。"正常"等于 400；"粗体"等于 700。相对应的 CSS 属性是"font‑weight"。两种浏览器都支持粗细属性。

（7）变量：配置文本的小型大写字母变量。Dreamweaver MX 2004 不在"文档"窗口中显示该属性。IE 支持变量属性，但 Netscape Navigator 不支持。

（8）大、小写：将选定内容中的每个单词的首字母大写或将文本配置为全部大写或小写。两种浏览器都支持大、小写属性。

（9）颜色：配置文本颜色。两种浏览器都支持颜色属性。

12.3.2　CSS"背景"属性

1. 应用方法

使用"CSS 样式定义"对话框的"背景"类别能够定义 CSS 样式的"背景"配置。可对网页中的任何元素应用"背景"属性。例如，创建一个样式，将背景颜色或背景图像添加到任何页面元素中，比如在文本、表格、页面等的后面。还可配置背景图像的位置。

2. 定义 CSS 样式的"背景"配置

在"CSS 样式定义"对话框中，选择"背景"，如图 12‑6 所示，然后配置所需的样式属性。

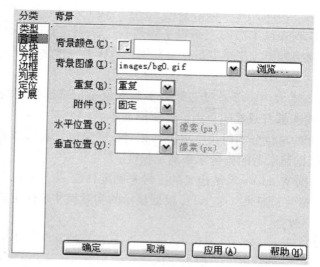

图 12 – 6　　"背景"属性

注意，假如认为下列任意属性不重要，可保留为空：

（1）背景颜色：配置元素的背景颜色。两种浏览器都支持背景颜色属性。

（2）背景图像：配置元素的背景图像。两种浏览器都支持背景图像属性。

（3）重复：定义背景图像是否重复以及怎样重复。两种浏览器都支持重复属性。

① "不重复"，在元素开始处显示一次图像。

② "重复"，在元素的后面水平和垂直平铺图像。

③ "横向重复"和"纵向重复"，分别显示图像水平带区和垂直带区。图像被剪辑以适应元素的边界。

（4）附件：确定背景图像是固定在其原始位置还是随内容一起滚动。注意，某些浏览器可能将"固定"选项视为"滚动"。IE 支持该选项，但 Netscape Navigator 不支持。

水平位置：和垂直位置指定背景图像相对于元素的初始位置。这可用于将背景图像和页面中央垂直和水平对齐。假如附件属性为"固定"，则位置相对于"文档"窗口而不是元素。IE 支持该属性，但 Netscape Navigator 不支持。

配置完这些选项后，在面板左侧选择另一个 CSS 类别以配置其他的样式属性，或单击"确定"按钮。

12.3.3　CSS "区块" 属性

使用"CSS 样式定义"对话框的"区块"类别能够定义标签和属性的间距和对齐配置。

定义"区块"配置：在"CSS 样式定义"对话框中，选择"区块"，如图 12 – 7 所示，然后配置所需的样式属性。

注意，假如认为下列任意属性不重要，可保留为空：

（1）单词间距：配置单词的间距。若要配置特定的值，在弹出菜单中选择"值"，然后输入一个数值。在第二个弹出菜单中选择度量单位。

注意：其能够指定负值，但显示取决于浏览器。Dreamweaver 不在"文档"窗口中显示该属性。

图 12 -7　"区块"属性

（2）字母间距：增加或减小字母或字符的间距。若要减少字符间距，请指定一个负值（例如 -4）。字母间距配置覆盖对齐的文本配置。IE 4 及更高版本连同 Netscape Navigator 6 均支持"字母间距"属性。

（3）垂直对齐：指定应用其元素的垂直对齐方式。仅当应用于 < img > 标签时，Dream-weaver 才在"文档"窗口中显示该属性。

（4）文本对齐：配置元素中的文本对齐方式。两种浏览器都支持"文本对齐"属性。

（5）文本缩进：指定第一行文本缩进的程度。其能够使用负值创建凸出，但显示取决于浏览器。仅当标签应用于块级元素时，Dreamweaver 才在"文档"窗口中显示该属性。两种浏览器都支持"文本缩进"属性。

（6）空格：确定怎样处理元素中的空白。从下面三个选项中选择："正常"，收缩空白；"保留"，保留任何空白，包括空格、制表符和回车；"不换行"，指定仅当碰到 < br > 标签时文本才换行。Dreamweaver 不在"文档"窗口中显示该属性。Netscape Navigator 和 IE 5.5 均支持"空格"属性。

（7）显示：指定是否显示以及怎样显示元素。"无"表示关闭被指定的元素的显示。

配置完这些选项后，在面板左侧选择另一个 CSS 类别以配置其他的样式属性，或单击"确定"按钮。

12.3.4　CSS "方框" 属性

使用"CSS 样式定义"对话框的"方框"类别能够为控制元素在页面上的放置方式的标签和属性定义配置。其能够在应用填充和边距配置时将配置应用于元素的各个边，也能够使用"全部相同"配置将相同的配置应用于元素的任何边。

定义元素在页面上的放置方式：在"CSS 样式定义"对话框中，选择"方框"，如图 12 -8所示，然后配置所需的样式属性。

注意，认为下列任意属性假如不重要，可保留为空：

（1）宽和高：配置元素的宽度和高度。宽度和高度定义的对象多为图片、表格、层等。

（2）浮动：配置元素浮动方式（如文本、层、表格等）。其他元素按通常的方式环绕在浮动元素的周围。两种浏览器都支持浮动属性。

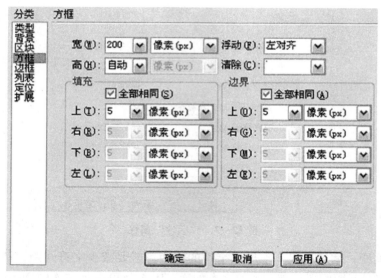

图12－8　"方框"属性

（3）清除：不允许元素的浮动。"左对齐"表示不允许左边有浮动对象。"右对齐"表示不允许右边有浮动对象。"两者"表示允许两边都能够有浮动对象。"无"表示不允许有浮动对象。两种浏览器都支持"清除"属性。

（4）填充：指定元素内容和元素边框（假如没有边框，则为边距）之间的距离。取消选择"全部相同"选项可配置元素各个边的填充。

（5）全部相同：将相同的"填充"属性配置为其应用于元素的"上""右""下"和"左"侧。

（6）边界：指定一个元素的边框（假如没有边框，则为填充）和另一个元素之间的距离。仅当应用于块级元素（段落、标题、列表等）时，Dreamweaver MX 2004才在"文档"窗口中显示该属性。取消选择"全部相同"可配置元素各个边的边距。

（7）全部相同：将相同的边距属性配置为其应用于元素的"上""右"　"下"和"左"侧。

配置完这些选项后，在面板左侧选择另一个 CSS 类别以配置其他样式属性，或单击"确定"按钮。

12.3.5　CSS "边框"属性

使用"CSS 样式定义"对话框的"边框"类别能够定义元素周围的边框的配置（如宽度、颜色和样式）。

定义"边框"配置：在"CSS 样式定义"对话框中，选择"边框"，如图12－9所示，然后配置所需的样式属性。

注意，假如认为下列任意属性不重要，可保留为空。

（1）样式：配置边框的样式外观。样式的显示方式取决于浏览器。Dreamweaver MX 2004 在"文档"窗口中将所有样式呈现为实线。两种浏览器都支持"样式"属性。取消选择"全部相同"可配置元素各个边的边框样式。

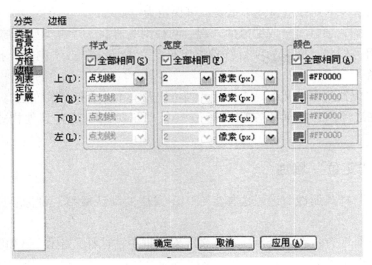

图 12−9　"边框"属性

（2）全部相同：将相同的边框样式属性配置应用于元素的"上""右""下"和"左"侧。

（3）宽度：配置元素边框的粗细。两种浏览器都支持"宽度"属性。取消选择"全部相同"可配置元素各个边的边框宽度。

（4）全部相同：将相同的边框宽度配置应用于元素的"上""右""下"和"左"侧。

（5）颜色：配置边框的颜色。能够分别配置每个边的颜色，但显示取决于浏览器。取消选择"全部相同"可配置元素各个边的边框颜色。"全部相同"表示将相同的边框颜色配置应用于元素的"上""右"、"下"和"左"侧。

配置完这些选项后，在面板左侧选择另一个 CSS 类别以配置其他样式属性，或单击"确定"按钮。

12.3.6　CSS"列表"属性

使用"CSS 样式定义"对话框中的"列表"类别可为列表标签定义列表配置（如项目符号大小和类型）。

定义"列表"配置：在"CSS 样式定义"对话框中，选择"列表"，如图 12−10 所示，然后选择所需的样式属性。

图 12−10　"列表"属性

注意，假如认为下列任意属性不重要，可保留为空。

（1）类型：配置项目符号或编号的外观。两种浏览器都支持"类型"属性。

（2）项目符号图像：能够为项目符号指定自定义图像。单击"浏览"按钮选择图像或键入图像的路径。

（3）位置：配置列表项文本是否换行和缩进以及文本是否换行到左边。

配置完这些选项后，在面板左侧选择另一个 CSS 类别以配置其他样式属性，或单击"确定"按钮。

12.3.7 CSS"定位"属性

使用"定位"样式属性时最好选择参数中定义层的默认标签，将标签或所选文本块更改为新层。

定义"定位"配置：在"CSS 样式定义"对话框中，选择"定位"，如图 12 – 11 所示，然后配置所需的样式属性。

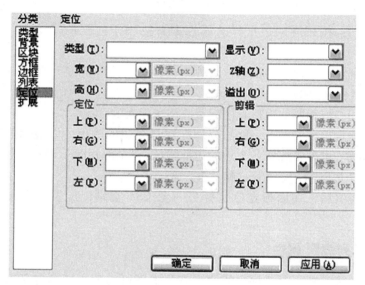

图 12 – 11　"定位"属性

注意，假如认为下列任意属性不重要，可保留为空。

（1）类型：确定浏览器应怎样来定位层。

（2）绝对：使用"定位"框中输入的坐标（相对于页面左上角）来放置层。

（3）相对：使用"定位"框中输入的坐标（相对于对象在文本中的位置）来放置层。该选项不显示在"文档"窗口中。

（4）静态：将层放在它在文本中的位置。

（5）显示：确定层的初始显示条件。假如不指定可见性属性，默认情况下大多数浏览器都继承父级的值。选择以下可见性选项之一：

①继承：继承层父级的可见性属性。假如层没有父级，则它将是可见的。

②可见：显示该层的内容，而不管父级的值是什么。

③隐藏：隐藏这些层的内容，而不管父级的值是什么。

（6）Z 轴：确定层的堆叠顺序。编号较高的层显示在编号较低的层的上面。其值能够为正，也能够为负（注：使用"层"面板更改层的堆叠顺序更容易）。

（7）溢出（仅限于 CSS 层）：确定在层的内容超出其大小时将发生的情况。这些属性控制怎样处理此扩展，如下所示：

①可见：增加层的大小，使它的任何内容均可见。层向右下方扩展。

②隐藏：保持层的大小并剪辑任何超出的内容。不提供任何滚动条。

③滚动：在层中添加滚动条，不论内容是否超出层的大小。专门提供滚动条可避免滚动条在动态环境中出现和消失所引起的混乱。该选项不显示在"文档"窗口中，并且仅适用于支持滚动条的浏览器。IE 和 Netscape Navigator 6 支持此属性。

④自动：使滚动条仅在层的内容超出它的边界时才出现。该选项不显示在"文档"窗口中。

⑤定位：指定层的位置和大小。浏览器怎样解释位置取决于"类型"配置。假如层的内容超出指定的大小，则大小值被覆盖。

位置和大小的默认单位是像素。对于 CSS 层，还能够指定下列单位：pc（十二点活字）、pt（点）、in（英寸）、mm（毫米）、cm（厘米）、ems、exs 或 %（父级值的百分比）。缩写必须紧跟在值之后，中间不留空格，例如：3mm。

（5）剪辑：定义层的可见部分。假如指定了剪辑区域，能够通过脚本语言（如 JavaScript）访问，并操作属性以创建特别效果。通过使用"改变属性"行为能够配置这些效果。

配置完这些选项后，在面板左侧选择另一个 CSS 类别以配置其他样式属性，或单击"确定"按钮。

12.3.8　CSS"扩展"属性

"扩展"样式属性包括"过滤器""分页"和"光标"选项，它们中的大部分效果仅被 IE 4.0 和更高版本所支持。

定义"扩展"配置：在"CSS 样式定义"对话框中，选择"扩展"，如图 12 - 12 所示，然后配置所需的样式属性。

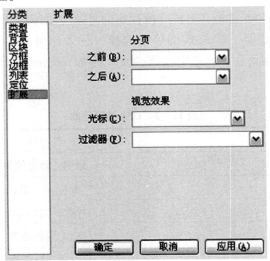

图 12 - 12　"扩展"属性

注意，假如认为下列任意属性不重要，可保留为空。

（1）分页：在打印期间，在样式所控制的对象之前或之后强行分页。选择要在弹出式菜单中配置的选项。此选项不被任何版本浏览器所支持，但可能被未来的浏览器所支持。

（2）光标：位于"视觉效果"下的"光标"选项，是光标显示属性配置。当指针位于样式所控制的对象上时改变指针图像。其详细说明见表 12 – 1。

表 12 – 1　光标

属　　性	说　　明
hand	手形
crosshair	精确定位"＋"
text	文本"I"形
wait	等待
default	默认光标
help	帮助
e-resize	箭头朝右方
ne-resize	箭头朝右上方
n-resize	箭头朝上方
nw-resize	箭头朝左上方
w-resize	箭头朝左方
sw-resize	箭头朝左下方
s-resize	箭头朝下方
se-resize	箭头朝右下方
auto	自动，按照默认状态改变

（3）过滤器：又称 CSS 滤镜，对样式所控制的对象应用特别效果。"滤镜"属性使页面变得更加漂亮。从"过滤器"弹出式菜单中选择一种效果并视具体需要加以配置。各种 CSS 滤镜属性的详细介绍请在导航条中选择"滤镜属性"按钮浏览。

其功能见表 12 – 2。

表 12 – 2　CSS 滤镜功能

滤　　镜	说　　明
Alpha	透明的渐进效果
BlendTrans	淡入/淡出效果
Blur	风吹模糊的效果
Chroma	指定颜色透明
DropShadow	阴影效果

续表

滤　镜	说　明
FlipH	水平翻转
FlipV	垂直翻转
Glow	边缘光晕效果
Gray	彩色图片变灰度图
Invert	底片的效果
Light	模拟光源效果
Mask	矩形遮罩效果
RevealTrans	动态效果
Shadow	轮廓阴影效果
Wave	波浪扭曲变形效果
Xray	X 光照片效果

表 12－2 中列出了 16 项滤镜及说明，下面作进一步介绍：

"Alpha" 滤镜：其在 Flash 和 Photoshop 中经常见到。它们的作用基本类似，就是把一个目标元素和背景混合。能够指定数值来控制混合的程度。这种 "和背景混合" 功能通俗地说就是个元素的透明度。

"BlendTrans" 滤镜：此功能比较单一，就是产生一种精细的淡入/淡出的效果。

"Blur" 滤镜：把它加载到文字上，可产生风吹模糊的效果，类似立体字，这为在网页上制作立体字标题带来了方便。也可把 "Blur" 滤镜加载到图片上，以达到用图像处理软件制作的效果。

"DropShadow" 滤镜：顾名思义就是为对象添加阴影效果。其实际效果看上去就像原来的对象离开了页面，然后在页面上显示出该对象的投影。

CSS 的无参数滤镜共有 6 个（FlipH、FlipV、Invert、Xray、Gray 和 Light），虽然它们没有参数，相对来讲，灵活性要差点，但它们用起来更方便，效果也相当明显。用它们能够使文字或图片翻转、获得图片的 "底片" 效果，甚至能够制作图片的 "X 光片" 效果。

"Glow" 滤镜：使对象的边缘产生类似发光的效果，操作很简便。

"Mask" 滤镜：为网页上的元件对象作出一个矩形遮罩效果。

"Wave" 滤镜：它的作用是把对象按照垂直的波形样式进行扭曲。

"Light" 滤镜：它能产生一个模拟光源的效果，配合使用简单的 JavaScript，使对象产生奇特的光照效果。

"RevealTrans" 动态滤镜：它能产生 23 种动态效果，还能在 23 种动态效果中随机抽用其中的一种。用它来进行网页之间的动态转换很方便。

12.4 编辑 CSS 样式

1. 更改 CSS 样式

为了使网页设计的风格统一和更加完美，有时需要更改设置好的 CSS 样式。在 Dreamweaver 中可以通过"CSS 样式"面板进行更改，操作如下：

首先，打开"CSS 样式"面板，如图 12 - 13 所示。

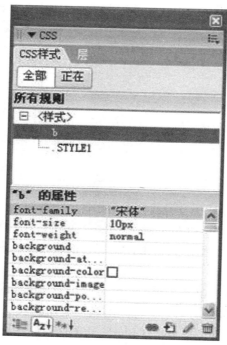

图 12 - 13 　"CSS 样式"面板

其次，在"所有规则"当中选中要更改的样式。

最后，使用右下角的"编辑 CSS 规则"按钮，弹出该样式的规则定义对话框，对其进行设置；或者在"属性"区域中进行更改；或者双击"所有规则"中要更改的样式名称，弹出该样式的规则定义对话框，对其进行设置。

2. 删除 CSS 样式

如果想要删除已有的样式，同样可以通过"CSS 样式"面板删除。打开"CSS 样式"面板，在"所有规则"当中选中要更改的样式，使用右下角的"删除 CSS 规则"按钮即可删除已有的样式规则。

3. 导出 CSS 样式

在 Dreamweaver 中可以将网页当中的内部样式导出。

将光标定位在该文档中，单击"文件"菜单，选择"导出"当中的"CSS 样式"命令；或者利用"文本"菜单中的"导出"命令，弹出如图 12 - 14 所示的对话框，选择保存路径，并写上文件名称即可。

图 12 – 14　保存 CSS

4. 应用外部样式表

在制作网页的过程中，有时需要使用已有的"外部样式表"文件。通常来讲，有两种方式可以使用外部样式表：

一种是链接样式表，其代码如下：

< link href = " N1. css" rel = " stylesheet" type = " text/css" / >

/ * N1. css 为外部样式表文件的名称 * /

另一种是导入样式表，其代码如下：

< style type = " text/css" >

@ import " mystyle. css"; / * mystyle. css 为外部样式表文件的名称 * /

</ style >

两种方式的显示效果略有区别：

（1）连接式：会在装载页面主体部分之前装载 CSS 文件，这样显示出来的网页从一开始就是带有样式效果的；

（2）导入式：会在整个页面装载完成后再装载 CSS 文件，对于有的浏览器来说，在一些情况下，如果网页文件的体积比较大，则会出现先显示无样式的页面，闪烁一下之后再出现设置样式后的效果，从浏览者的感受来说，这是导入式的一个缺陷。

在 Dreamweaver 中可以通过以下操作步骤实现使用外部样式表：

（1）打开"CSS 样式"面板。

（2）单击面板的"链接样式表"按钮，将指定的外部样式表文件链接到当前文档。

（3）在当前文档中应用外部样式表中的 CSS 样式。

5. 样式冲突解决

在网页的制作过程中，有时候两个或者多个样式规则会使用在同一个元素上。通常有两种情况：一种是应用于同一元素的多个规则分别定义了元素的不同属性，多个规则同时起作用；另一种是两个或者多个声明使用在同一个元素上。这就可能带来冲突。例如：在同一个网页中，应用的外部样式表中规定 < p > 中字体为 12pt，而在正文中存在这样的代码：

< p >

……

< font size = 18pt > 样式冲突 < /font size >

……

< /p >

此时，就产生了样式冲突。

如果产生了样式冲突该怎么解决呢？

通常浏览器的解决方法是就近原则，以后为准。实质上这是由样式事先设置的优先级决定的。

12.5　课堂练习

1. 练习目标

（1）熟练掌握样式表的建立方法。

（2）学会使用样式表进行页面美化工作。

2. 练习题目

制作一个诗歌网站，包括"主页""诗人简介""古代诗歌鉴赏"和"近代诗歌鉴赏"4个页面。

3. 练习要求

（1）正确建立样式式表。

（2）通过样式表，设定诗歌标题加大、加粗、居中、彩色显示。

（3）通过样式表，设计诗歌正文的字体样式、字体大小和行距。

（4）通过样式表，设定页面背景图。

（5）通过样式表，设定页面排版大小、间距等。

（6）页面美观大方。

第 13 章　层与行为

13.1　层基础

层是指某个事物在结构或功能方面的等级秩序。层具有多样性，可按物质的质量、能量、运动状态、空间尺度、时间顺序、组织化程度等多种标准划分。不同层次具有不同的性质和特征，其既有共同的规律，又各有特殊规律。

在网页设计中，图层是网页的一个区域，在一个网页中可以有多个图层存在，它最大的魅力在于各个图层可以重叠，并且可以决定每个图层是否可见，同时也能够自定义各图层之间的层次关系。熟练掌握图层技术，可以给网页提供强大的页面控制能力。

层工具提供弹性的画面设计功能，就像 Word 的图文框，可以放入任何网页组件，包含文本、图像或其他任何可以在 HTML 文档正文中放入的内容。它的最大好处是可以任意移动位置，并互相重叠。因此，也可以认为层其实是一个更小的空白网页，在里面可以插入任何网页组件，从而为网页设计提供灵活、多变的架构。

在 Dreamweaver 中，自 CS5 版本以后，系统采取使用 < div > 标签和 CSS 技术来实现 AP 层对象的效果，所以也称为绝对定位的 < div > 标记。

13.2　创建层

创建层相对简单。

第一步，把 Dreamweaver 的工作界面切换至"设计"界面，然后在工作窗口的上方找到"布局"工作栏，单击布局模式上的　按钮，如图 13 - 1 所示。

布局 ▼　　　　标准 | 扩展

图 13 - 1　"布局"工作栏

第二步，在网页编辑区按住鼠标左键进行拖动即可创建层，如图 13 - 2 所示。

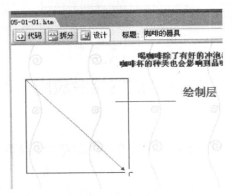

图 13 - 2　创建层

第三步，在层中插入页面元素内容。

13.3　层的编辑

1. 修改层的位置与大小

在 Dreamweaver 中修改层的位置与大小与在 Word 中编辑图片类似。选中所要编辑的层，在层的四周会出现黑色节点，对这些节点进行拖放操作就可达到预计的效果了，如图 13-3 所示。

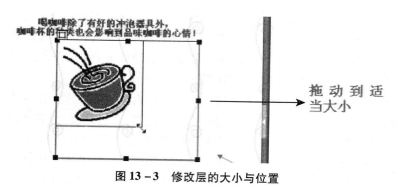

拖动到适当大小

图 13-3　修改层的大小与位置

2. 删除层

在页面上用鼠标单击图层边框，选中某个图层后，按键盘上的 Delete 键即可删除该图层。

注意：当删除某个图层时，会将该图层所包含的页面元素一并删除。

3. 通过"层"面板修改层

在 Dreamweaver 的工作界面中，在右上角找到"设计"面板，打开"层"标签页，就可以打开"层"面板，如图 13-4 所示，在这个面板中可对层进行修改编辑。

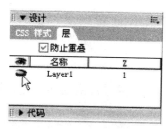

图 13-4　"层"面板

13.4　层的组合应用

1. 嵌套图层

所谓嵌套图层指的是一个图层创建在另外一个图层中，实际上制作这种嵌套图层很简单，只要创建一个父图层之后用鼠标点击图层内部，再次插入一个图层即可。不过嵌套的图层并不意味着子图层必须要在父图层内部，它们之间存在着继承关系。

继承的作用是使子图层的可见性和父图层保持一致，由于很多动态网页的特效是通过控制图层的可见性来实现的，因此当父图层的可见性改变时，子图层的可见性也随之改变。继承关系也可以让子图层和父图层的相对位置不变，比如拖曳父图层使其移动，此时子图层也会随着移动，这在制作动态网页的时候非常有用。

操作方法如下：

第一步，打开 Dreamweaver，新建一个文件，在文件内创建一个图层。

第二步，用鼠标点击层内，当光标在层内闪动时点击"描绘层"按钮，并将其拖动到层内，就新创建了一个嵌套的层了，如图 13－5 所示。

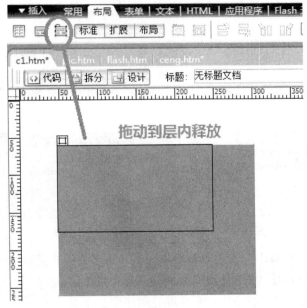

图 13－5　嵌套层

第三步，查看代码，可以发现一个子层嵌套在一个父层内了。

第四步，如果有需要，还可以设置子层的各类属性，如图 13－6 所示。子层属性内的左和上分别是指子层的左边到父层左边的距离和上边到母层上边的距离。这就把子层和父层的关系固定了。拖动父层时子层跟随着一起移动。

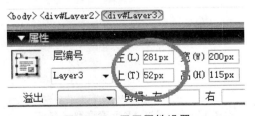

图 13－6　子层属性设置

2. 设置图层顺序

和表格相比，图层的最大优势在于图层可以重叠，为了表示各个图层哪个在上面，哪个在下面，要给每个图层设定一个序号，这个序号就是"Z－顺序"，它的意思就是除了屏幕的 X 和 Y 坐标之外，人为增加一个垂直于屏幕的 Z 轴。

一旦在 Dreamweaver 中修改了 AP 元素的堆叠顺序，也就自动确定了 AP 元素在 Z 轴上的层级位置。Z 轴上的数字越大，该元素就越靠近用户；Z 轴上的数字越小，该元素就越远离用户。在同一位置上，如果有两个或两个以上的 HTML 元素同时存在，那么 Z 轴上数字最大的那个元素，必定会遮盖那些 Z 轴上数字比较小的元素而单独呈现在用户面前，也就是在同一位置上，用户只能看到 Z 轴上数字最大的那个元素，而看不到其他元素。

在 Dreamweaver 中要设置 AP 元素的堆叠顺序，首先要打开需要编辑的 HTML 文档，点击"设计"视图，使文档处于"设计"视图的编辑窗口中，然后按照下面的步骤进行操作：

方法一，使用"属性"面板设置 AP 元素的堆叠顺序。

（1）单击"窗口"菜单，选择"AP 元素"命令，打开"AP 元素"面板，查看 AP 元素当前的堆叠顺序。

（2）在文档的"设计"视图窗口中，或者在"AP 元素"面板中，选择要更改 Z 轴值的 AP 元素。

（3）单击"窗口"菜单，选择"属性"命令，打开 AP 元素的"属性"窗口，如图 13-7 所示。

图 13-7　通过"属性"面板调整 Z 轴值

（4）在"Z 轴"文本框中输入需要的数字，即可改变该 AP 元素的堆叠顺序：

输入比原来大的数字可以使 AP 元素在堆叠顺序中往上移；

输入比原来小的数字可以使 AP 元素在堆叠顺序中往下移。

方法二，使用"AP 元素"面板设置 AP 元素的堆叠顺序。

（1）单击"窗口"菜单，选择"AP 元素"命令，打开"AP 元素"面板。

（2）在"AP 元素"面板中，双击要修改 Z 轴值的 AP 元素旁的 Z 轴数字，如图 13-8 所示。

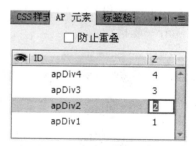

图 13-8　通过 AP 元素调整 Z 轴值

（3）双击"2"使之成为可编辑的状态，再输入需要的数字，然后按回车（Enter）键，即可更改 AP 元素的堆叠顺序。

小技巧：

在"AP 元素"面板中，AP 元素是按照 Z 轴值的顺序排列的，Z 轴值越大，排列越靠近顶部，反之，Z 轴值越小，排列越靠近底部。

3. 使用图层建立表格

虽然使用图层来定位网页元素比使用表格方便得多，但是只有 IE 4.0 以上版本的浏览器才支持图层功能，因此为了让使用旧版本浏览器的用户也可以看到相关作品，最好的方法就是把图层转换为表格。

第一步：在窗口中选取上部的"防止重叠"复选框，这样使每个图层不能互相重叠，否则在转换过程中会有警告信息提示。

第二步：运行"修改"/"转换"/"层到表格"命令，在"表格布局"区域中分别选择"最精确"和"使用透明 GIFs"两个选项。前者通过精确转换为每个图层建立一个单元格，确保各个单元格之间的距离；后者在转换的表格最后一行中填充透明的 GIF 图，这样可以保证网页在所有浏览器中都有相同的外观。

第三步：按"OK"按钮，完成图层到表格的转换操作。

提示：Dreamweaver 还提供了从表格到图层的转换功能，操作步骤类似。

13.5　层与时间轴的应用

与层密切相关的另一个功能是时间轴，利用时间轴可以实现动画效果。随着时间的变化改变层的位置、尺寸、可视性以及叠放顺序可以实现更多的效果。

1. "时间轴"面板

使用"Alt + F9"快捷键或者在菜单"窗口"中选择"时间轴"即可打开"时间轴"面板。面板样式如图 13－9 所示。

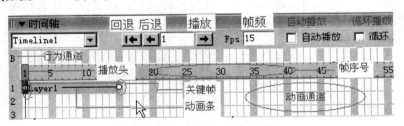

图 13－9　"时间轴"面板

下面说明各部分的作用：

"播放头"：显示当前页面上的层是时间轴的哪一帧。

"动画通道"：显示层与图像的动画条。

"动画条"：显示每个对象的动画持续时间。

"关键帧"：在动画条中被指定动画属性的帧。

"行为通道"：在时间轴上某一帧执行指令的显示。

"帧频"：每秒钟播放的帧数，但超过用户浏览器可处理的速率会被忽略掉，15Fps 是平均较好的速率。

"自动播放"：选中后，在浏览器打开页面，动画就自动播放。

"循环"：选中后在浏览器中会无限循环播放动画，在行为通道中可以看到循环的标签，双击标签可以修改行为的参数和循环次数。

2. 创建时间轴动画

第一步：在文档窗口插入一个层，并在层中插入素材包中的"qiqiu. gif"图片，如图13-10所示。

第二步：选中层，将层用鼠标拖曳到"时间轴"面板中，此时一个动画条出现在时间轴的第一个通道中，层的名字出现在动画条中，如图13-11所示。

图13-10　插入图层与图像

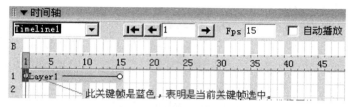

图13-11　时间轴通道

第三步：选中关键帧的第15帧处，如图13-12所示。

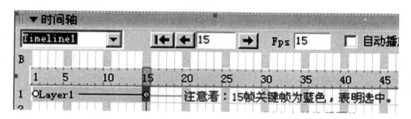

图13-12　设定第15帧

第四步：选中层，将层用鼠标拖曳到动画结束的地方，这里设定在文档窗口右下角，此时一条线段显示出动画运动的轨迹，如图13-13所示。

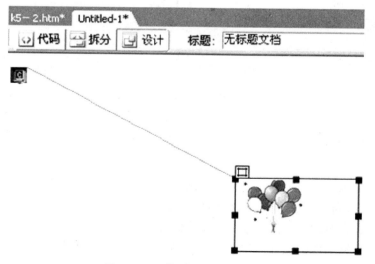

图13-13　拖动动画运动轨迹

第五步：至此，一个动画创建完毕，按"播放"按钮可以浏览动画效果。选中"自动播放"和"循环"，保存文件后在浏览器中也能看到动画效果。

第六步：如果想改变运动路径，则需要添加关键帧，在第 7 帧处用鼠标右键添加一个关键帧，如图 13 – 14 所示。

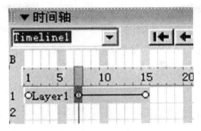

图 13 – 14　添加关键帧

在文档窗口选定层，并将层拖曳到需要的位置，可以看到运动的轨迹发生了相应的变化，如图 13 – 15 所示。

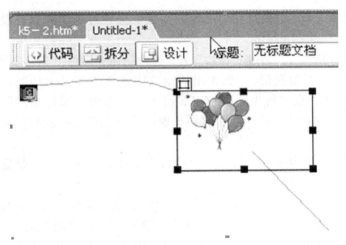

图 13 – 15　轨迹变化

13.6　行为的应用

行为是 Dreamweaver 中最有特色的功能，它可以让用户不用书写一行 JavaScript 代码即可实现多种动态网页效果。Dreamweaver 提供了很多动作，它们其实就是标准的 JavaScript 程序，每个动作可以完成特定的任务。这样，如果所需要的功能在这些动作中，那么就不需要自己编写 JavaScript 代码了。

下面介绍常见行为的使用方法。

1. 弹出消息框

如果希望进入网站首页的时候用一个弹出的消息框来显示一些内容，可以通过下述方法实现：

第一步：在 Dreamweaver 主窗口中新建一个页面，接着运行"窗口"/"行为"命令激活行为面板。

第二步：在行为面板中点击"＋"按钮，在弹出菜单中选择"弹出消息"命令，这时可以在窗口中输入提示信息。

第三步：添加提示文字之后，控制面板中多出一个名为"弹出消息"的行为，此时单击左部的下拉菜单，并且从中选择"载入"一项，这样进入页面之后就会自动执行设置的行为，自然也就能够看见弹出的消息框了。

提示：在下拉菜单中还可以选择"键盘按下""鼠标按下"等行为，其使在按下键盘上的按键或者单击鼠标之后出现消息框。

2. 链接解释文字

在浏览一些网页的时候，将鼠标放在图像或者链接上会有解释文字出现，这种效果可以通过下述步骤实现：

第一步：在 Dreamweaver 的编辑窗口中插入一张图片，单击这张图片，在"属性"面板的链接输入框内填写"#"号让它链接本页。

第二步：通过"插入"/"布局对象"/"层"命令在图像旁边添加一个层，并且输入需要显示的话。选择这个层之后，在"属性"面板中将"可见性"属性设置为"隐藏"来隐藏该层。

第三步：选择图像之后，通过"窗口"/"行为"命令激活"行为"面板，单击"+"按钮并选择"显示"/"隐藏层"。在弹出的窗口中选择需要显示的层，接着单击下部的"显示"按钮，确认之后在"行为"面板中多出了一个名为"鼠标悬停"的事件。此时单击"+"按钮并选择"鼠标悬停"项，这样当鼠标放在图像上时就可以显示该层，即出现浮动的文字解释。

第四步：参照第三步为刚才的层添加"隐藏"事件，并且将行为设置为"鼠标离开"，这样鼠标拿开时就可以隐藏该层了。

完成上述操作之后，按 F12 键即可打开 IE 浏览器进行预览，当鼠标移动到这个图片上的时候会出现预先设置好的提示字样，而鼠标移开图片时字样自动隐藏。

3. 自动调整窗口大小

有些网页在改变窗口大小的时候也会随之调整网页页面大小，因此窗口过大就不会有空白处，窗口过小边缘就不会跑出移动条。这种自动调整页面大小的功能，在 Dreamweaver 中可以参照下述步骤来实现：

第一步：新建一个页面，然后通过"插入"/"表格"命令插入一个 1 行 3 列的表格，此时可以先不管它的宽度，而是通过下述设置让它自动伸展以适合浏览器窗口。

第二步：这时可以看见每个单元格下部都标明了宽度且有一个小三角形。在这个表格中，可以设定哪部分是需要固定的，不过只能让一列自动伸展，比如设定最后一列随着窗口大小的变化自动伸展。

第三步：选中最后一列，运行"查看"/"表格模式"/"布局模式"命令，在弹出的菜单中选择"获取列信息"。

第四步：接着将出现对话框，并且会提示为了能够使行伸展，Dreamweaver 需要放置一些间隔图片在其他列中，在此选择"创建一个占位图像"，这样图片在浏览器窗口中不会显示出来，而是起固定表格的作用。

第五步：确认之后返回原先的编辑窗口，可以看见最后一列已经自动伸展填充了整个浏览器窗口，而另外两列则保持固定的宽度。

提示：设定自动伸展的列可以在列上端看见一个波浪线。

完成上述操作之后，在 IE 浏览器中预览页面效果的时候，如果改变窗口的大小，则最后一列的宽度也会随之变化，而前两列的宽度保持不变。

4. 拖动图层的应用

某些网页中，一些类似的图片或文字，可以通过鼠标点击拖拉任意改变位置，这种效果一般是通过"拖动图层"（drag layer）来完成的，而拖动图层的实现需要鼠标事件的响应，比如"Onclick、On Mouse Over 等。下面以插入一个图片拖动图层为例进行说明。

（1）先建一个图层放入需要的内容，比如插入一张图片。

（2）单击选中图层，同时进入动作浮动面板（直接按"Shift + F3"组合键即可），选取"＋"号列表中的"Drag Layer"项，如果这时该选项不可使用，可以调整动作事件支持的浏览器类型和版本，这时弹出 Drag Layer 编辑窗口。

Drag Layer 编辑窗口包括两个标签"Basic（基础）"和"Advanced（高级）"，下面解释一下各标签下各项内容的含义。

① "Basic" 标签下：

a. "Layer"：网页中使用的所有图层的选择列表，默认即当前操作图层。

b. "Movement"：移动选项。"Unconstrained（不受限制）"表示可以在网页中的任何位置拖动，"Constrained（受限制）"表示控制目标图层的拖动范围，选中以后在菜单后面自动产生的"Up""Down""Left""Right"输入框中键入定位数字。

c. "Drag Target"：拖动图层在网页中的位置，单击"Get Current Position"获取当前位置。

d. "Snap If Within"：允许的最大误差，单位为 px。

② "Advanced" 标签下：

a. "Drag Handle"：指定拖动图层的响应范围，即鼠标在哪些位置才能拖动图层。

b. "Entire Layer"：表示任何位置都可拖动。

c. "Area Within Layer"：指定拖动范围，选中以后在后面的定位输入框中键入数值，注意这是相对图层而言的。

d. "While Dragging"：多个拖动图层时使用，决定显示关系。

（3）按"确定"按钮以后，拖动图层即完成，默认使用的事件为 Onclick（单击），若想把它改成 OnMouseOver（鼠标悬停）事件，单击"Actions（动作）"下的小三角形选"OnMouseOver（鼠标悬停）"即可，这时不需要单击"激活"，只要将鼠标滑动到图层上就可以拖动了。按 F12 键可以预览拖动效果。

5. 利用图层隐藏不可见内容

制作作网页时，有时需要某些元素或内容在网页载入时始终不显示出来，只有单击某特定按钮时才显示出来，这时应用图层来处理应该是最好的选择。

（1）把"Objects（项目）"面版调出来，插入两个按钮。注意，两个按钮的"Action（动作）"选"None（无）"，否则不能做出效果。

（2）把图层里的内容准备好，并把它设为隐含。图层里的内容由制作者决定，在这里假设为"反馈信息，根据你的需要来更改图层中的内容。"

（3）点击"显示反馈信息"按钮，调出"Behaviors（行为）"菜单，加入"Events（事件）"显示图层，"Actions（动作）"不要改动，千万不要把它改为"OnMouseOver（鼠标悬停）"，否则这个按钮没用。

（4）点击"隐藏反馈信息"按钮，同样加入"Events（事件）"隐藏图层。

6. 制作下拉菜单

在网页中使用下拉菜单可以极大地节省网页空间，并能够使内容的分类显示更具条理。下面简单介绍典型下拉菜单的制作过程。

（1）首先建立主菜单项目，分别赋予对应的链接指向，然后在每个链接下面放置一个图层对象，再把相应下拉菜单的内容放到隐藏图层里。一个链接对应一个图层，如果网页中有3个链接就得做3个隐藏图层，图层分别放在链接的下面。注意：如果有多个主菜单，对应一定要整齐，否则会影响显示效果。

（2）因为菜单载入后子菜单部分是完全隐藏的，所以将3个子菜单图层均设为隐藏图层，这时"下拉"内容不可见，在相关链接上面用鼠标双击以选中它，然后按F8键把"行为"菜单调出来，在"行为"面板中点击"＋"，选择"显示－隐藏层"，在随后的窗口中设定Layer1图层为"显示"，同时另外的两个图层Layer2、Layer3中，Layer3为"隐藏"，这样才能保证只显示对应的子菜单。在"行为"列表中点击4个动作事件的箭头按钮，将默认的"Onclick（单击）"改为"On Mouse Over（鼠标悬停）"。

（3）在"行为"列表中点击3个动作事件的箭头按钮，将默认的"Onclick（单击）"改为"On Mouse Over（鼠标悬停）"。这是一个下拉菜单的制作过程，用同样的方法设定另外3个链接，如果制作的是点击式下拉菜单的话，上面的"Onlclick（单击）"事件就不用更改了。注意：在设置"显示－隐藏层"菜单时，除了把该链接的下拉菜单图层设为"显示"外，其他图层一定要设为"隐藏"。制作完成后，可以按F12键查看显示效果。

7. 实现幻灯片效果

用Flash制作幻灯片非常容易，效果也非常好，但它需要插件的支持，而用Java制作幻灯片，它会影响网页的浏览速度。可以通过Dreamweaver制作幻灯片，而且其效果比起用Java制作的也不差。下面这个例子主要利用了时间轴和显示隐含图层。

（1）首先准备几张大小一样的图片。

（2）需要做几张幻灯片就做几个隐藏图层，在图层中插入图片。假设制作3张幻灯片，就做3个隐藏图层，做隐藏图层的时候一定要使3个图层坐标一样，否则在变换图片时就会有位移现象。

（3）把时间轴编辑窗口调出来，把3个图层分别加入3条动画轨道中去。

（4）在第1帧的位置，加入"行为"事件，双击第1帧上方的"行为"轨道，弹出行为编辑窗口，点击"＋"选择"显示－隐藏图层"，在接下来的窗口中选择"Layer1"后单击"显示"确定。

（5）在第15帧处双击"行为"轨道，弹出行为编辑窗口，同样加入"显示－隐藏层"事件，这次加入的事件是把Layer1隐藏起来。当动画到第15帧就要换图片，所以在第15帧处还要加一个"显示－隐藏层"事件，这次是显示Layer2。

（6）在第29帧处加入两个"行为"事件，一个是把Layer2隐藏起来，另一个是显示Layer3，这是在换图片。如果幻灯片多于3张，在一段帧后加入承前启后的两个"行为"事件就行了。

（7）在最后一帧处，加入隐藏 Layer3 的"行为"事件。

（8）最后把时间轴编辑窗口中的"自动播放"和"循环"选上。选完后，把小方块拖到与最后一帧的行为效果重合，这样就可避免重复动画时有一帧没有显示而发生停顿。

上面介绍的仅是 Dreamweaver 中行为功能的一些方法，灵活地把行为和图层结合运用还可以实现诸如动态图片、可拖曳的图层等功能，让网页看起来更加丰富多彩。

13.7　课堂练习

1. 练习目标

（1）熟练掌握层的建立方法。

（2）学会使用层进行页面排版。

（3）学位使用层制作一些时间特效。

2. 练习题目

利用层与时间轴的组合，制作一个滚动公告栏。

3. 练习要求

（1）建立一个新的文档窗口，然后插入一个层，并设置该层的背景图像。

（2）插入中间层，制作边距。

（3）插入第三个子层，并添加公告文字。

（4）将文字层作为对象添加在时间轴中。

（5）在"时间轴"面板中设置关键帧。

（6）合理利用层的"溢出"属性设置。

（7）功能合格。

（8）页面美观大方。

第 14 章　表单的应用

14.1　表单基础

1. 什么是表单

表单在网页中为网站和访问者提供开展互动的窗口，它在网页中的作用不可小视，主要负责数据采集的功能，比如采集访问者的名字和电子邮件地址、调查表信息、留言簿信息等。这些数据都需要通过表单在网页中进行发送和接收。

2. 表单的组成

表单有 3 个基本组成部分：

（1）表单标签：包含处理表单数据所用 CGI 程序的 URL 以及数据提交到服务器的方法。

（2）表单域：包含文本框、密码框、隐藏域、多行文本框、复选框、单选框、下拉选择框和文件上传框等，用于采集用户输入或选择的数据。

（3）表单按钮：包括提交按钮、复位按钮和一般按钮，用于将数据传送到服务器上的 CGI 脚本或者取消输入，还可以控制其他定义了处理脚本的处理工作。

14.2　生成表单

1. 创建表单

表单的创建有两种方式，操作方法分别如下。

1）通过菜单栏创建表单

首先，建立一个网页文档。

其次，将插入点放置到要插入表单的位置。

最后，使用主菜单中的"插入"/"表单"/"表单"命令。

2）通过"插入"栏创建表单

首先，建立一个网页文档。

其次，将插入点放置到要插入表单的位置。

最后，将"插入"栏切换到"表单"类别，单击其中的"表单"按钮，即可插入相应的表单，如图 14 - 1 所示。

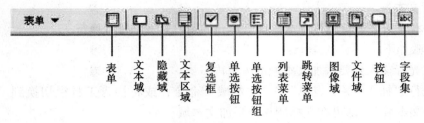

图 14 - 1　"表单"栏

2. 设置表单属性

需要在表单的"属性"面板中设置表单，如图 14 - 2 所示。

图 14 - 2　表单的"属性"面板

各属性的作用说明如下：

（1）表单名称：设置表单的名称，可用于处理程序的调用。

（2）动作：在文本框中输入或者浏览处理该表单的动态页或脚本程序，用于处理表单提交的数据。

（3）目标：指定一个目标窗口来处理表单的动态页或脚本程序的打开方式。

（4）方法：指定将表单数据传输到服务器的方法，有 3 个选项："POST（发送）""GET（获取）"和"默认"。

MIME 类型：指定提交给服务器进行处理的数据所使用的编码类型。

14.3　通过设计工具添加表单对象

根据上述方法，可以在表单中添加具体对象。各个对象间有什么区别？如何应用？下面分别说明。

14.3.1　文本域

1. 文本域说明

文本域有 3 种类型：

（1）单行文本域：文本内容可见，但只能输入在一行之中。

（2）密码域：文本内容不可见，通常只输入在一行之中。

（3）多行文本域：文本内容可见，并可实现多行输入。

各文本域的效果如图 14 - 3 所示。

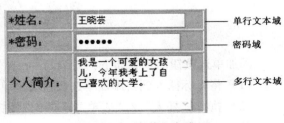

图 14 - 3　表单文本域

2. 单行文本域

单行文本域用来填写单行文本信息，不允许用户对文字进行换行。

添加步骤如下：

（1）将光标插入到要添加文本域的表单内。

（2）执行"插入"/"表单"/"文本域"命令，或将插入工具栏切换到"表单"类别，单击"文本域"，即可在光标所在处添加文本域。

（3）选中"文本域"表单对象，在其"属性"面板中选择"单行"文本域类型，如图14－4所示。

图 14－4　单行文本域属性

3. 多行文本域

多行文本域提供输入多行文本信息的文本框，用于设置留言板等文字较多的部分。其添加步骤同单行文本域的添加步骤。设置效果如图14－5所示。

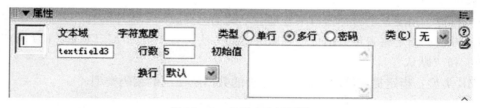

图 14－5　多行文本域属性

4. 密码域

密码域用来让用户输入密码，输入的字符以占位符"●"显示，以隐藏原始内容。

14.3.2　单选按钮和单选按钮组

1. 单选按钮

用户在一组选项中只能选择单个选项时用到单选按钮，如图14－6所示。

图 14－6　单选按钮

添加单选按钮的步骤如下：

（1）将光标插入到要添加单选按钮的表单中。

（2）执行"插入"/"表单"/"单选按钮"命令。

（3）在弹出的对话框中输入标签文字，并选择文字所在的位置，最后单击"确定"按钮。

2. 单选按钮组

单选按钮组是为了方便插入一组单选按钮。

插入单选按钮组的具体操作步骤如下：

（1）将光标插入到要添加单选按钮组的表单中。

（2）执行"插入"/"表单"/"单选按钮组"命令，或将插入工具栏切换到"表单"类别，单击"单选按钮组"按钮，弹出"单选按钮组"对话框，如图 14－7 所示。

图 14－7　"单选按钮组"对话框

14.3.3　复选框

复选框具有多选性，允许在一组选项中选择一个或多个选项，如图 14－8 所示。

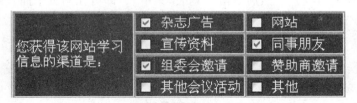

图 14－8　复选框

添加复选框的具体操作步骤如下：

（1）将光标放在表单中要添加复选框的位置。

（2）执行"插入"/"表单"/"复选框"命令，或将插入工具栏切换到"表单"类别，单击"复选框"按钮，即可插入复选框。复选框显示为一个小方块，在它后面可以加上说明文字。

（3）选中添加的某个"复选框"对象，可以在"属性"面板中进行相关设置，如图 14－9所示。

图 14－9　复选框的"属性"面板

14.3.4 列表/菜单

当需要选择的项目比较多时，为了节省空间，可以把这些选项集中到一个"列表/菜单"的表单对象中，浏览者可以通过列表或菜单提供的选项选择适当的值。

在列表中允许用户选择多个选项，而菜单只允许访问者从中选择一项。其效果如图 14 - 10、图 14 - 11 所示。

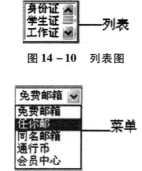

图 14 - 10 列表图

图 14 - 11 菜单

1. 插入列表/菜单

（1）将光标放到表单中要插入列表/菜单的位置。

（2）执行"插入"/"表单"/"列表/菜单"命令，即查插入相应的对象；或将插入工具栏切换到"表单"类别，然后单击"列表/菜单"，即可在网页中插入列表/菜单对象。

2. 设置列表/菜单属性

列表/菜单的"属性"面板如图 14 - 12 所示。

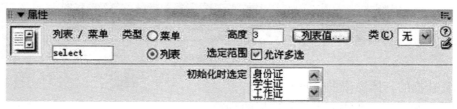

图 14 - 12 列表/菜单的"属性"面板

（1）列表/菜单：设置列表/菜单的名称。

（2）类型：指定此对象是列表还是菜单。如果是列表，用户可以设置其高度，即在不滚动的情况下显示出来的选项数；选定"允许多选"复选框，也可以设置是否允许用户从列表中选择多项。

（3）高度：该项只用于列表类型，指定列表中可显示的行数。

（4）选定范围：选中"允许多选"后，可以结合 Shift 键对列表中的项目进行多选，否则为单选。

（5）初始化选定：指定列表/菜单开始显示时定位在哪一个选项上。

（6）列表值：单击该按钮，可打开"列表值"对话框，在"项目标签"下可输入列表/菜单的内容，单击➕按钮添加新内容，单击➖按钮删除内容；添加完成后，可单击"确定"

按钮。如图 14 – 13 所示即添加后的列表值。

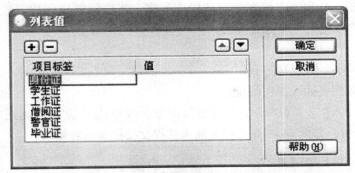

图 14 – 13　添加列表值

3. 跳转菜单

跳转菜单的外观和列表/菜单中的菜单类型差不多，不同的是跳转菜单具有超级链接的功能，在其中选择一个选项，将跳转到相应的页面中，如图 14 – 14 所示。

图 14 – 14
跳转菜单

创建跳转菜单的具体操作步骤如下：

（1）将光标放到要插入跳转菜单的位置。

（2）执行"插入"/"表单"/"跳转菜单"命令，或单击"表单"类别工具栏中的"跳转菜单"按钮，打开"插入跳转菜单"对话框，如图 14 – 15 所示。

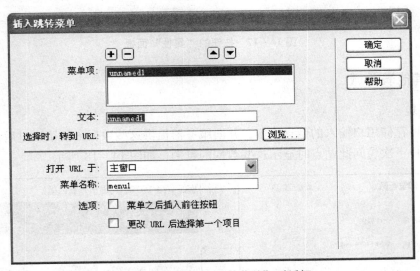

图 14 – 15　　"插入跳转菜单"对话框

14.3.5　添加按钮

网页文档中存在 3 种不同类型的按钮，它们分别是：

（1）提交按钮：单击时将表单数据提交到表单域 Action 属性所指定的服务器端程序或一个 E-mail 地址。

（2）重置按钮：单击后表单中各项数据恢复为初始状态。

（3）命令按钮：必须为它编制相应的脚本程序，将按钮链接到特定的函数，否则在默认状态下，添加的按钮是一个提交按钮。

1. 添加按钮

添加按钮的具体操作步骤如下：

（1）将光标放到要插入按钮的位置。

（2）执行"插入"/"表单"/"按钮"命令，或单击"表单"类别工具栏中的"按钮"，即可插入按钮，如图 14 – 16 所示为插入的提交按钮和重置按钮。

图 14 – 16　按钮

2. 设置按钮属性

按钮的"属性"面板如图 14 – 17 所示。

按钮名称：给按钮命名，Dreamweaver 有两个保留名称——"提交"和"重置"。

值：设置显示在按钮上的文本。

动作：设置按钮被单击时发生什么动作。有 3 个选项——提交表单、重设表单和无。选择"无"时，单击按钮不会发生任何动作。

图 14 – 17　按钮的"属性"面板

14.3.6　其他表单域

1. 隐藏域

隐藏域可存储用户输入的信息内容，并向服务器提供这些数据，便于通过后台处理程序实现在该用户下次访问此站点时显示这些数据的目的，如图 14 –18 所示。

图 14 –18　隐藏域

2. 图像域

使用 Photoshop 或 Fireworks 等图形处理软件制作一些漂亮的按钮图像后，利用 Dreamweaver 中的表单对象图像域来插入该按钮以替代 Dreamweaver 中默认的按钮。如图 14 – 19 所示，提交按钮由 Photoshop 软件制作而成，通过插入图像域对象添加到网页中。

图 14 –19　图像域

3. 文件域

文件域是由一个文本框和一个显示"浏览"字样的按钮组成的，它的作用就是使访问者能浏览本地计算机上的某个文件，并将该文件作为表单数据上传，如图 14 – 20 所示。

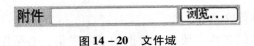

图 14 –20　文件域

14.4　通过标签添加表单对象

14.4.1　表单标签

功能：用于申明表单，定义采集数据的范围，也就是 < form > 和 </form > 里面包含的数据将被提交到服务器或者电子邮件。

语法：< form action = " url" method = " get lpost" enctype = " mime" target = " …" > … </form >

属性解释：

"action = url"：指定处理提交表单的格式，它可以是一个 URL 地址（提交给程式）或一个电子邮件地址。

"method = get" 或 "post"：指明提交表单的 HTTP 方法，可能的值为：

1. post：post 方法在表单的主干包含名称/值对并且无须包含于 action 特性的 URL 中。

2. get：get 方法把名称/值对加在 action 的 URL 后面并且把新的 URL 送至服务器，这是往前兼容的缺省值，这个值由于国际化的原因不赞成使用。

"enctype = cdata"：指明用来把表单提交给服务器时（当 method 值为 "post"）的互联网媒体形式，这个特性的缺省值是 "application/x – www-form-urlencoded"。

"target = " …""：指定提交的结果文档显示的位置：

（1）_blank：在一个新的、无名浏览器窗口调入指定的文档；

（2）_self：在指向这个目标的元素的相同的框架中调入文档；

（3）_parent：把文档调入当前框的直接的父 FRAMESET 框中；这个值在当前框没有父框时等价于_self;

（4）_top：把文档调入原来的最顶部的浏览器窗口中（因此取消所有其他框架），这个值等价于当前框没有父框时的_self.

例如：

< form action = " http：//www. yesky. com/test. asp" method = " post" target = " _blank" > …

</form >

其表示表单将向 http：//www.yesky.com/test.asp 以 post 的方式提交，提交的结果在新的页面显示，数据提交的媒体方式是默认的"application/x-www-form-urlencoded"方式。

14.4.2　文本框

1. 单行文本框

文本框是一种让访问者自己输入内容的表单对象，通常被用来填写单个字或者简短的回答，如姓名、地址等。

代码格式：< input type = " text" name = " …" size = " …" maxlength = " …" value = " …" >

属性解释：

type = " text" 定义单行文本输入框。

name 属性定义文本框的名称，要保证数据的准确采集，必须定义一个独一无二的名称。

size 属性定义文本框的宽度，单位是单个字符宽度。

maxlength 属性定义最多输入的字符数。

value 属性定义文本框的初始值

样例 1 如图 14 – 21 所示。

图 14 – 21　样例 1

样例代码：< input type = " text" name = " example1" size = " 20" maxlength = " 15" >

2. 多行文本框

多行文本框也是一种让访问者自己输入内容的表单对象，它能让访问者填写较长的内容。

代码格式：< textarea name = " …" cols = " …" rows = " …" wrap = " virtual" > </textarea >

属性解释：

name 属性定义多行文本框的名称，要保证数据的准确采集，必须定义一个独一无二的名称。

cols 属性定义多行文本框的宽度，单位是单个字符宽度。

rows 属性定义多行文本框的高度，单位是单个字符宽度。

wrap 属性定义输入内容大于文本域时显示的方式，可选值如下：

（1）默认值是文本自动换行。当输入内容超过文本域的右边界时会自动转到下一行，而数据在被提交处理时自动换行的地方不会有换行符出现。

（2）off，用来避免文本换行，当输入的内容超过文本域右边界时，文本将向左滚动，必须用 return 才能将插入点移到下一行。

（3）virtual，允许文本自动换行。当输入内容超过文本域的右边界时会自动转到下一行，而数据在被提交处理时自动换行的地方不会有换行符出现。

（4）physical，让文本换行，当数据被提交处理时换行符也将被一起提交处理。

样例 2 如图 14 - 22 所示。

图 14 - 22   样例 2

样例代码： < textarea name = " example2" cols = " 20" rows = " 2" wrap = " physical" >
</textarea >

3. 密码框

密码框是一种特殊的文本域，用于输入密码。当访问者输入文字时，文字会被星号或其他符号代替，而输入的文字被隐藏。

代码格式： < input type = " password" name = " ..." size = " ..." maxlength = " ..." >

属性解释：

type = " password" 定义密码框。

name 属性定义密码框的名称，要保证数据的准确采集，必须定义一个独一无二的名称。

size 属性定义密码框的宽度，单位是单个字符宽度。

maxlength 属性定义最多输入的字符数。

样例 3 如图 14 - 23 所示。

图 14 - 23   样例 3

样例代码： < input type = " password" name = " example3" size = " 20" maxlength = " 15" >

14. 4. 3   单选按钮

当需要访问者在待选项中选择唯一的答案时，需要使用单选框。

代码格式： < input type = " radio" name = " ..." value = " ..." >

属性解释：

type = " radio" 定义单选框。

name 属性定义单选框的名称，单选框都是以组为单位使用的，要保证数据的准确采集，在同一组中的单选项都必须用同一个名称。

value 属性定义单选框的值，在同一组中，它们的域值必须是不同的。

样例 4 如图 14 - 24 所示。

图 14 - 24   样例 4

样例代码：

   < input type = " radio" name = " myFavor" value = " 1" >yesky. com

< input type = " radio" name = " myFavor" value = " 2" > Chinabyte. com

14. 4. 4　复选框

复选框允许在待选项中选中一个以上选项。每个复选框都是一个独立的元素，都必须有一个唯一的名称。

代码格式：< input type = " checkbox" name = " …" value = " …" >

属性解释：

type = " checkbox" 定义复选框。

name 属性定义复选框的名称，要保证数据的准确采集，必须定义一个独一无二的名称。

value 属性定义复选框的值。

样例 5 如图 14 – 25 所示。

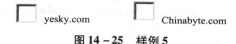

图 14 – 25　样例 5

样例代码：

< input type = " checkbox" name = " yesky" value = " 09" > yesky. com

< input type = " checkbox" name = " Chinabyte" value = " 08" > Chinabyte. com

14. 4. 5　列表/菜单

下拉选择框允许在一个有限的空间设置多种选项。

代码格式：

< select name = " …" size = " …" multiple >

< option value = " …" selected > … </option >

…

</select >

属性解释：

size 属性定义下拉选择框的行数。

name 属性定义下拉选择框的名称。

multiple 属性表示可以多选，如果不设置本属性，那么只能单选。

value 属性定义选择项的值。

selected 属性表示默认已经选择本选项。

样例 6 如图 14 – 26 所示。

图 14 – 26　样例 6

样例代码：

< select name = " mySel" size = " 1" >

< option value = " 1" selected > yesky. com </option >

< option value = " d2" > chinabyte. com </option >

</select >

样例 7 如图 14 −27 所示（按 Ctrl 键可以多选）。

图 14 −27　样例 7

样例代码：

< select name = " mySelt" size = " 3" multiple >

< option value = " 1" selected > yesky. com </option >

< option value = " d2" > chinabyte. com </option >

< option value = " 3" > internet. com </option >

</select >

14. 4. 6　按钮

表单按钮控制表单的运作。

1. 提交按钮

提交按钮用来将输入的信息提交到服务器。

代码格式：< input type = " submit" name = " …" value = " …" >

属性解释：

type = " submit" 定义提交按钮。

name 属性定义提交按钮的名称。

value 属性定义提交按钮的显示文字。

样例 8 如图 14 −28 所示。

图 14 −28　样例 8

样例代码：< input type = " submit" name = " mySent" value = " 发送" >

2. 复位按钮

复位按钮用来重置表单。

代码格式：< input type = " reset" name = " …" value = " …" >

属性解释：

type = " reset" 定义复位按钮。

name 属性定义复位按钮的名称。

value 属性定义复位按钮的显示文字。

样例 9 如图 14 −29 所示。

样例代码：< input type = " reset" name = " myCancle" value = " 取消" >

取消

图 14-29　样例9

3. 一般按钮

一般按钮用来控制其他定义了处理脚本的处理工作。

代码格式： < input type = " button" name = " …" value = " …" onClick = " …" >

属性解释：

type = " button" 定义一般按钮。

name 属性定义一般按钮的名称。

value 属性定义一般按钮的显示文字。

onClick 属性，也可以是其他事件，通过指定脚本函数来定义一般按钮的行为。

样例 10 如图 14-30 所示。

保存

图 14-30　样例10

样例代码：

< input type = " button" name = " myB" value = " 保存" onClick = " javascript：alert（'it is a button'）" >

14.4.7　其他表单域

1. 隐藏域

隐藏域是用来收集或发送信息的不可见元素，对于网页的访问者来说，隐藏域是看不见的。当表单被提交时，隐藏域就会将信息以设置时定义的名称和值发送到服务器上。

代码格式： < input type = " hidden" name = " …" value = " …" >

属性解释：

type = " hidden" 定义隐藏域。

name 属性定义隐藏域的名称，要保证数据的准确采集，必须定义一个独一无二的名称。

value 属性定义隐藏域的值。

例如： < input type = " hidden" name = " ExPws" value = " dd" >

2. 文件上传框

有时候，需要用户上传自己的文件，文件上传框看上去和其他文本域差不多，只是它包含了一个浏览按钮。访问者可以通过输入需要上传的文件的路径或者点击浏览按钮选择需要上传的文件。

注意：在使用文件域以前，请先确定服务器是否允许匿名上传文件。表单标签中必须设置 " enctype = " multipart/form - data" 来确保文件被正确编码；另外，表单的传送方式必须设置成 post"。

代码格式： < input type = " file" name = " …" size = " 15" maxlength = " 100" >

属性解释:

type = " file" 定义文件上传框。

name 属性定义文件上传框的名称, 要保证数据的准确采集, 必须定义一个独一无二的名称。

size 属性定义文件上传框的宽度, 单位是单个字符宽度。

maxlength 属性定义最多输入的字符数。

样例:

样例代码: < input type = " file" name = " myfile" size = " 15" maxlength = " 100" >

14.5　表单的提交

既然表单用来采集用户输入的数据, 那么就应该保证用户的数据被准确地提交到预定的地点, 也就是说, 在提交表单的时候, 应该对用户的数据进行检验, 一来可以避免用户误输数据, 二来可以避免用户输入非法的, 或者不合格的数据; 检验合格以后, 还要保证用户的数据被提交到特定的程序。

1. 数据的检验

数据的检验通常有两种程序: 客户端检验和服务器端检验。客户端检验比较快, 服务器端检验相对比较慢, 为了确保安全, 二者通常同时采用, 这样就可以避免用户刻意破坏。

不管采用什么方式, 数据检验的原理都是一样的, 一旦用户输入的数据不符合规定就报错, 要求用户重新输入, 客户端检验常使用 JavaScrip 脚本, 服务器端检验视系统而定。本书不对数据检验的具体程序设计进行探讨, 仅列举几个例子来说明。

样例 11: 必填项, 以及简单的数据类型检验。

带 " * " 的为必须输入, 如图 14 - 31 所示。

图 14 - 31　样例 11

分析:

(1) 本例给表单添加了 onSubmit 事件, 通过 " onSubmit = " return CheckDate ( )"" 指定提交前必须通过函数 CheckDate ( ) 来检验, 如果不合格, 返回输入数据。

(2) 数据检验的函数如下:

 < script >

function CheckDate ( ) {

//取得输入的数据

```
userName = document. RedForm. userName. value;
userEmail = document. RedForm. userEmail. value;
//如果没有输入姓名
if（userName = =""）{
alert（" 请输入姓名"）;
document. RedForm. userName. focus （）;
return false;
} else {
//如果没有输入 E-mail，或者 E-mail 地址错误（不含@）
if（（userEmail = =""）｜｜（userEmail. indexOf（" @"）= = -1））{
alert（" 请重新输入 E-mail 地址"）;
document. RedForm. userEmail. focus （）;
return false;
} else return true;
}
}
</script >
```

2. 表单的分支提交

有的时候，表单需要根据用户的选择被提交到不同的程序。这时应该怎么做呢？
应通过脚本来检测用户的选择分支，从而向不同的程序提交表单。

样例 12：分支提交（图 14 - 32）。

图 14 - 32　样例 12

分析：这里首先用到的是 < form > 的 "onSubmit =" TwoSubmit （this）""，然后根据选择的分支，来分别递交到不同的程序，TwoSubmit （）函数如下：

```
< script >
function TwoSubmit （form） {
if（form. Ref ［0］. checked）{
form. action = " cop. asp"; //这里是分支一
} else {
form. action = " ind. asp"; //这里是分支二
}
form. submit （）;
}
</script >
```

3. 用任何元素提交表单

是不是只有按钮或者图片按钮才能提交表单呢？当然不是。实际上，任何页面元素都可以提交表单，但其都是通过脚本来完成的。下面使用链接来代替 Submit 按钮。

样例 13：用链接来提交表单（图 14-33）。

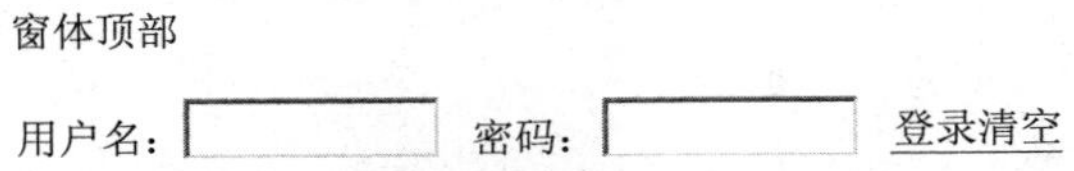

窗体顶部

用户名：[　　　　　]　　密码：[　　　　　]　　登录清空

图 14-33　样例 13

分析：

通过"onClick = " document. form. submit（ ）""来提交表单；用"onClick = " document. form. reset（ ）""来复位表单。这样一来，任何一个元素都可以提交表单了。

14.6　课堂练习

1. 练习目标

（1）熟练表单域的建立方法。

（2）学会添加各种表单对象。

（3）学会使用表单域来实现用户数据的交互。

2. 练习题目

制作一个用户注册页面，如图 14-34 所示。

图 14-34　用户注册页面

3. 练习要求

（1）建立一个新的文档窗口。

（2）使用表格或层进行排版。

（3）在页面上方加入"注册新用户"标题，加大、加黑、加粗，居中显示。

（4）"用户名""登录邮箱"以文本框实现，并长度合适。

（5）密码框隐藏文字内容。

（6）"性别"以单选框实现。

（7）"猜你喜欢"以复选框实现。

（8）其他注册内容以下拉列表实现。

（9）有注册按钮和重置按钮。

（10）可以用图片美化，保证页面美观大方。

第 15 章　网站的上传发布

15.1　网站上传基础

15.1.1　网站上传常识

1. 什么是网站上传

网络上载，是指将本地电脑或其他终端设备上的文件，通过网络协议和上载工具上传到互联网上进行使用的过程。

网站上传，是指将已经制作好的网站，上传到网络服务器上准备发布的过程。

制作好的网页文件一开始只是存在个人电脑的硬盘上，与其他网络电脑终端从网络上存在物理隔离，只有将之先上传到网络服务器上，其才能成为一个可以在浏览器端寻址、解析和执行的网站，让网民可以自由地访问。

2. 什么是 FTP

FTP 是英文 File Transfer Protocol（文件传输协议）的缩写，它是 TCP/IP 协议组中的协议之一，该协议是 Internet 文件传送的基础，它由一系列规格说明文档组成。用户可以通过 FTP 功能登录到远程计算机，从其他计算机系统中下载需要的文件或将自己的文件上传到网络。

3. 什么是 FXP

FXP 是 File Exchange Protocol（文件交换协议）的缩写，其本身就是 FTP 众多协议中的一个协议。FXP 是一个服务器之间传输文件的协议，这个协议控制着两个支持 FXP 协议的服务器，在无须人工干预的情况下，可自动地完成传输文件的操作。

15.1.2　网站上传的条件

网站文件的上传，必须满足以下几个条件：

（1）待上传的网页文件，必须是经过测试无误，可正确执行的网页文件。如果网站发布运行之后却存在大量的网络文件异常，那么这将会严重影响网站的功能和用户的体验。

（2）网站上传之前，必须申请一定的网络空间，以存放待上传的网页文件和各类资源文件。因为大多数网络空间的申请都需要支付一定的费用，且费用一般和空间的大小成正比，所以网站所有者需要综合考量网站的空间需要，理性购买适当容量的网络空间。

（3）网站上传之前，必须确定有与页面文件匹配的服务器操作系统及各类功能组件。各种不同格式的文件所需要的服务器操作系统或功能组件各不相同，如果不能有效地匹配，网页文件将无法进行解析执行。

（4）网站上传时，最好借助专门的 FTP 工具软件来完成。通常，申请空间的服务商都会提供一项 Web 上载模式，Dreamweaver 软件也带有 FTP 上传功能，但仍然建议使用一些专门的 FTP 工具软件，其操作性会更好，功能会更丰富，稳定性也更佳。

15.2　网站上传的操作

15.2.1　网站上传的工具

在网络上，能够搜索到大量的 FTP 上传工具。根据著名的软件下载网站 ZOL 在 2016 年 10 月的 FTP 软件排行统计，用户最喜欢的软件前五名依次是：FlashFXP5.4、Tftpd32 4.5、WinSCP 5.9.2、SecureCRT 7.0 和 CuteFTP pro 9.0。用户可以根据自己的喜爱选择使用。本书仅对用户选择最多的 FlashFXP 进行介绍。

1. FlashFXP 简介

FlashFXP 是 iniCom Networks 公司开发的一款功能强大的 FXP/FTP 软件，它集成了其他优秀 FTP 软件的优点，如 CuteFTP 的目录比较、彩色文字显示、多目录选择文件和暂存目录、具有 LeapFTP 的界面设计。它支持目录（和子目录）的文件传输、删除；支持上传、下载，以及第三方文件续传；可以跳过指定的文件类型，只传送需要的本件；可自定义不同文件类型的显示颜色；可暂存远程目录列表，支持 FTP 代理及 Socks 3&4；有避免闲置断线功能，防止被 FTP 平台踢出；可显示或隐藏具有"隐藏"属性的文档和目录；支持每个平台使用被动模式等。

2. 功能特点

FlashFXP 提供了最简便和快速的途径来通过 FTP 传输任何文件，它提供了一个格外稳定和强大的程序，以确保快速和高效地完成工作。FlashFXP 的最新版本为 V5.4，它提供了许多功能，下面列举其中一小部分。

1）本地和站点对站点的传输

FlashFXP 允许从任何 FTP 服务器直接传输文件到本地硬盘，或者在两个 FTP 站点之间传输文件（站点到站点传输）。

2）FTP 代理服务器、HTTP 代理服务器（支持 Socks 3&4）

FlashFXP 能处理成千上万的连接类型。即使在防火墙、代理服务器或网关背后也不必担心，因为 FlashFXP 能配置并支持几乎任何网络环境。

3）全功能的用户界面（支持鼠标拖曳）

FlashFXP 拥有直观和全功能的用户界面，允许通过简单的点击完成所有指令任务。它支持鼠标托拽，因此可以通过简单的点击和拖曳完成文件传输、文件夹同步、文件查找和预约任务。

4）全局"绑定 Socket 到 IP"设置

每个站点都可以进行"绑定 Socket 到 IP"设置，实现多语言支持，它能监听并帮助修理端口模式连接，如果被动模式连续失败两次，FlashFXP 将切换到端口模式（反之亦然）；如果 FTP 站点连接丢失，仍可以继续浏览缓冲文件夹和队列文件，如果执行的任务需要连接，FlashFXP 将重新连接到 FTP 站点并执行该任务。

15.2.2 网站上传的操作方法

1. 设置说明

（1）FTP/Quick Connect：这个命令打开快速连接窗口。只要在这里输入要连接的服务器地址、用户名、密码、远程路径等信息，然后点击"Connect"，FlashFxp 就会连接到 FTP 站点。在"Toggle"一栏中可以设置连接的选项，包括是否防止发呆、是否启用断点续传、是否使用被动模式（Passive Mode、PSAV 命令）等，一般关闭被动模式就可以了。

（2）FTP/Transfer Mode：设置传输模式，在 ASCII 和二进制模式之间选择。二进制模式可以传输所有类型的文件，包括 ASCII 文件，但是速度会稍慢。建议选择"Auto"让 Flash-Fxp 自动选择合适的传输模式。

（3）FTP/On Transfer Complete：这里选择传输完成以后 FlashFXP 的操作，包括挂断连接、关闭计算机等选项。这个功能主要方便那些不能在机器旁边守着传输过程的人，让他们可以一边传输一边干别的事情。

（4）Options/Preferences：设置 FlashFXP 的各种选项。

（5）General 选项卡：设置下载路径、日志文件名、连接超时、超时以后重试的延时、重试次数等。

（6）Options 选项卡：设置传输时的各种选项、需要进行确认的操作和音响效果等。

（7）Advanced 选项卡：设置高级选项，包括快捷键区的工具提示、鼠标操作的含义等。

（8）Transfer 选项卡：设置传输选项，包括传输模式设置、传输速度限制、断点续传设置等。

（9）Proxy & Ident 选项卡：设置代理服务器和个人参数。

（10）Display 选项卡：设置 FlashFXP 的显示外观。

（11）Options/When file exists：设置当传输的文件在目的地已经存在时的操作。当目的地已经存在要传输的文件时，两个文件之间的大小有 3 种可能性。FlashFXP 可以针对这 3 种可能性在进行不同类型的传输时采取不同的操作。

（12）Options/ASCII file extensions：设置 ASCII 文件的扩展名，在这里设置了 ASCII 文件扩展名的文件，在传输的时候将被使用 ASCII 模式而不是二进制模式传输从而使速度稍快。

（13）Tools/Anti Idle：打开防止发呆功能。此功能如果打开的话，FlashFXP 通过定期向服务器发送一个 Ping 数据包防止网络连接超时。发送这个数据包将略微减慢传输的速度，但是可以有效地防止与服务器之间的连接丢失。

（14）Tools/Clipboard：打开 Monitoring（监视功能）以后，FlashFXP 可以监视剪贴板的内容，一旦发现剪贴板中的内容是一个 URL，FlashFXP 将自动打开并进行下载。

（15）Tools/Schedule：FlashFXP 可以定时进行传输，只要在这里打开了定时传输功能，并且设置定时传输的时段，等到了定时传输开始的时间，只要机器还在运行，FlashFXP 就将自动运行并开始传输。

（16）Windows/Toggle Left（Right）Tree Display：打开/关闭某个浏览窗口的目录树。使用目录树，用户可以更加方便地在目录之间切换。

2. 实用技巧

1）轻松找出未下载文件

如果下载的文件比较多，需要分几次才能下载完成，那么在这期间很容易漏掉一些文件，只需要在本地列表中将已经下载的文件全部选中，然后按下键盘上的空格键，这样选中的文件会以"加粗"显示，并且对应 FTP 目录中相同的文件也会"加粗"方式显示。这个时候只需要查看 FTP 目录中哪些文件没有被"加粗"即可快速找出未下载文件。

2）数据统计

在实际应用中，有时需要统计出从某个 FTP 站点上传、下载的数据情况，这时可以使用 FlashFXP 的统计功能。按下 F4 快捷键打开站点管理器，在左侧选中要统计的 FTP 站点，然后在右侧切换到"统计"标签，在这里就可以看到该 FTP 站点上传、下载的总字节数。单击"重置"按钮可清除记录。

3）智能操作

在进行下载、上传或站点对传时，经常会发生一点中断现象，文件传到一半即掉线。这个时候人们会选择断点续传来继续进行操作，FlashFXP 对断点续传提供了智能操作设置。

打开站点管理器窗口并选中 FTP 站点，在右侧选择"选项"标签，单击"文件存在"选项下的"配置"按钮，在打开的窗口中将"使用全局设置"选项取消，这个时候就可以对"下载""上传"和"FXP（站点对传）"进行设置，例如将下载列中的较小文件设为"自动续传"，这样在下载时如果检测到目的文件比较小，那么将自动续传未下载的部分；将"相同"设为"自动跳过"，这样可以避免重复下载相同的文件。用同样的方法可以对"上传"和"FXP（站点对传）"进行设置。

4）检查可用空间

默认情况下从 FTP 上下载文件是不检查当前保存位置是否有足够的空间来保存的，这样就容易出现下载过程中磁盘空间不足的情况。为了避免这种情况的发生，执行"选项"/"参数设置"命令，切换到"传送"标签，选中"下载前检查空闲空间"选项；另外如果选中"下载后的文件保留服务器文件时间"选项，可以让下载的文件和原始文件的时间相同。

5）显示隐藏文件

如果不小心上传了隐藏文件，那么以后登录 FTP 是看不到这些隐藏文件的，这可怎么办呢？借助 FlashFXP 可解决这个难题。按 F8 键打开"快速连接"窗口，切换到"切换"标签，选中"显示隐藏文件"选项即可。

6）优先传送指定类型文件

在上传和下载时，可能需要将某些类别的文件优先传送，这个时候可以执行"选项"/"过滤器"命令，将窗口切换到"优先级列表"标签，在"文件通配符"中按照"＊. 扩展名"的格式输入，然后单击"添加"按钮；最后将添加进来的类别选中，通过右侧的上、下箭头键来改变优先级。

3. 操作步骤

1）下载安装

FlashFXP 的官方下载地址为：http：//www. flashfxp. com/download. php。

软件成功下载后，本地会多出一个扩展名为". zip"的压缩文件。通过 WINRAR 或 WINZIP 等解压缩文件将其解压后，找到"instrall. exe"或"setup. exe"文件，单击就可以安装，安装过程比较简单，用户只需按提示单击"下一步"按钮就可以完成安装，如图 15 - 1所示。

需要说明的是，FlashFXP 软件对中国用户较友好，支持简体中文。

图 15 - 1   FlashFXP 安装画面

2）工作界面预览

FlashFxp 含有简体中文语言包，通过菜单"Options"/"language"可以设定界面的使用语言。试用版期限为 30 天。主界面默认显示了本地目录、远程目录、状态及队列四大窗口，如图 15 - 2 所示：

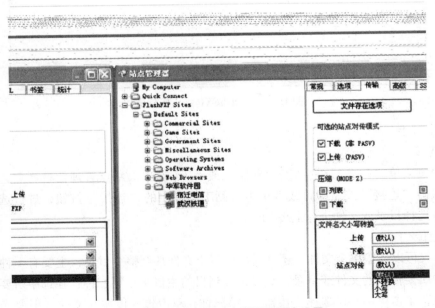

图 15 - 2   FlashFXP 主界面及语言设置

3）站点设置

要使用 FTP 工具上传（下载）文件，首先必须要设定好 FTP 服务器的网址（IP 地址）、授权访问的用户名及密码。下面介绍具体的参数设置。

通过菜单"站点"/"站点管理器"或者 F4 键可以对要上传的 FTP 服务器进行具体的设置。

第一步：单击"新建站点"按钮，输入站点的名称（它只是对 FTP 站点的一个说明）。

第二步：按照界面所示，分别输入 IP 地址（FTP 服务器所拥有的 IP）、用户名和密码（如果不知道的话，可以询问提供 FTP 服务的运营商或管理员）。另外对于端口号，在没有特别要求的情况下使用默认的端口号（21），不必进行改变。对于匿名选项，不必选择（匿名的意思就是不需要用户名和密码可以直接访问 FTP 服务器，但很多 FTP 服务器都禁止匿名访问）。

第三步：设置远端及本地路径，远端路径其实就是连上 FTP 服务器后默认打开的目录；本地路径就是每次进入 FTP 软件后默认显示的本地文件目录（如果不太清楚或者感觉麻烦的话，也可以先不设置远端及本地路径，系统会使用默认路径），如图 15-3 所示。

以上这些参数都设置好之后，便可使用 FTP 进行文件的上传和下载了。

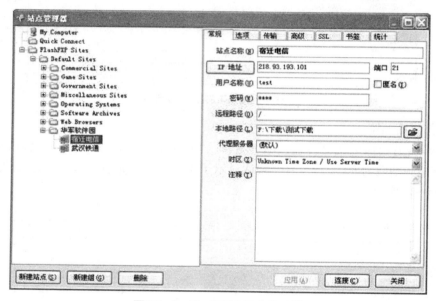

图 15-3　FlashFXP 站点管理器

4）连接上传

（1）连接

可以通过菜单"站点"/"站点管理器"或者 F4 键进入站点管理器选择要连接的 FTP 服务器，点击"连接"按钮即可或者单击右侧工具栏中的"连接"按钮，进行选择。连接之后，便可选择目录或文件进行上传/下载。

（2）上传/下载。

FTP 不仅可以传输单个文件，还可以传输多个文件甚至整个目录，主要有 5 种方法。第一种：选中所要传输的文件或目录，直接拖曳到目的主机中；第二种：在选中所要传输的文件或目录后，单击鼠标右键选择"传输"；第三种：双击想要传输的文件（但要先在参数选择中进行设置）；第四种：选中所要传输的文件或目录后，单击工具栏上的"传输选定"按

钮  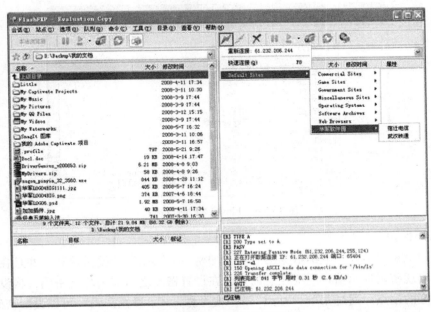；第五种：将选中的文件或文件夹加入传输队列中（可以直接拖放，也使用鼠标右键），然后再进行传输。使用传输队列的最大好处是可以随时加入或删除传输的文件，并且对于需要经常更新的内容，可以把它们放到队列中保存下来，每次传输文件时还可以通过菜单"队列"/"载入队列"调出之前保存的队列进行文件更新。不过要注意的是，不同的文件上传到不同的目录时，必须先将该目录打开之后再添加要传的文件到队列之中，如图 15 - 4 所示。

图 15 - 4　FlashFXP 连接界面

5）其他功能及设置

（1）快速连接。

快速连接就是不通过站点设置，直接输入 IP 地址、用户名及密码进行连接，它不会出现在默认站点目录中，所以它适用于需要临时连接的站点，并且快速连接信息会被保存，如果下次还想使用，可以直接选择进行连接，非常方便。通过菜单"会话"/"快速连接"或 F8 键可以进行快速连接的设置，如图 15 - 5 所示。

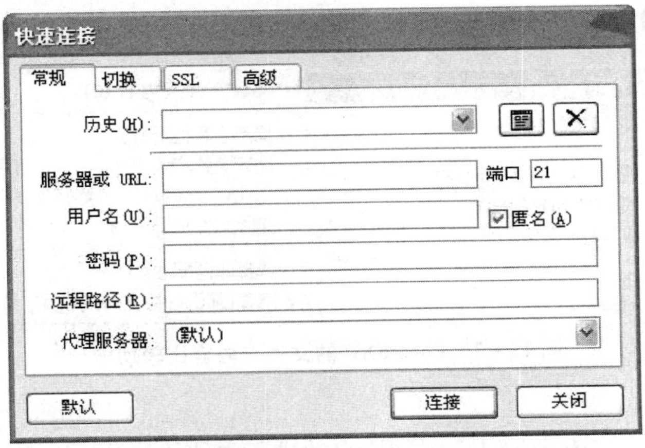

图 15 - 5　FlashFXP 快速连接界面

（2）站点导入。

站点导入就是将之前版本的站点信息或其他 FTP 软件的站点信息导入进来，而不需要再进行重复的设置（最新的 FlashFXP3.6 标准版共支持 14 种 FTP 软件及格式文件的导入），这给广大的用户节省了时间，也减少了麻烦。通过菜单"站点"／"导入站点"可以进行站点导入，如图 15 - 6 所示。

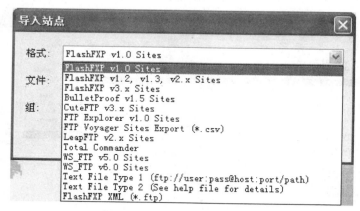

图 15 - 6　FlashFXP 站点导入

（3）密码保护。

密码保护就是对整个站点的数据信息进行加密，为数据安全提供保障，并且在以后每次启动时都会出现密码提示窗口。要注意的是，在设置密码之后如果忘记密码，将没有办法访问之前设置好的站点。通过菜单"站点"／"安全性"／"设置密码"可以设置密码。

（4）队列管理

队列管理就是对所传输的文件及目录进行一些功能设置，包括队列的保存、载入、清除、恢复和传输等，这是比较重要的功能。通过菜单"队列"可以进行队列的相关操作。

（5）文件夹内容比较。

文件夹内容比较就是对两台不同的机器上的相关目录下的内容进行比较，然后把不相同的内容显示出来，这对保持版本一致性非常有用。通过菜单"工具"／"比较文件夹内容"可以比较出两个目录下不同的内容，如图 15 - 7 所示。

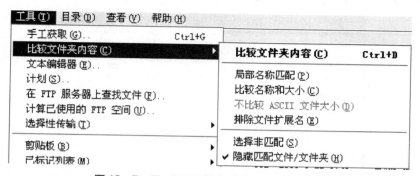

图 15 - 7　FlashFXP 的文件夹内容比较功能

（6）计划任务

计划任务就是设定在未来的某个时间段自动进行文件的传输，而不需人工的干预。通过菜单"工具"／"计划"可以实现文件自动传输，如图15-8所示。

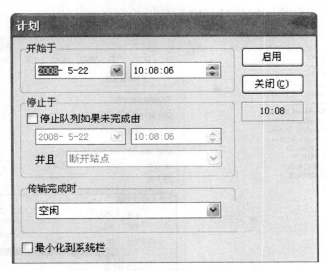

图 15-8 FlashFXP 的计划任务功能

（7）远程站点对传。

远程站点对传就是在两台远程 FTP 服务器之间直接传送文件，这省去了很多麻烦。通过点击工具栏上的按钮 切换到 FTP 浏览器来实现对传功能，如图 15-9 所示。要注意的是，不是所有的 FTP 服务器都支持此功能。

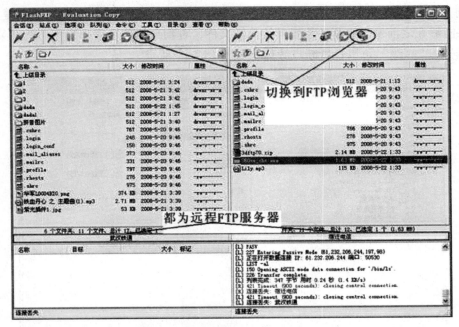

图 15-9 FlashFXP 的远程站点对传功能

（8）文件名大小、写转换。

文件名大、小写转换就是在传输文件时，强制把要传输的文件名按照需要进行大、小写的改变。这对大、小写敏感的 UNIX 系统非常有用。通过菜单"站点管理器"/"传输"可以实现文件名大、小写转换,如图 15 – 10 所示。

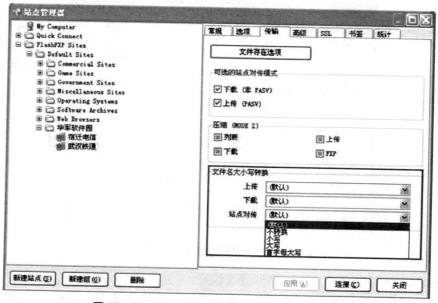

图 15 – 10　FlashFXP 文件名大小、写设置界面

(9) 断点续传。

断点续传是每个 FTP 软件必备的功能,也可以说是最基本和重要的功能。它的实质就是在传输文件的过程中,由于各种原因传输过程发生异常,产生中断,在系统恢复正常后,FTP 软件能够在之前发生中断的位置继续传输文件,直到数据传送完毕为止。通过菜单"站点管理器"/"高级"可以设置断点续传,如图 15 – 11 所示。

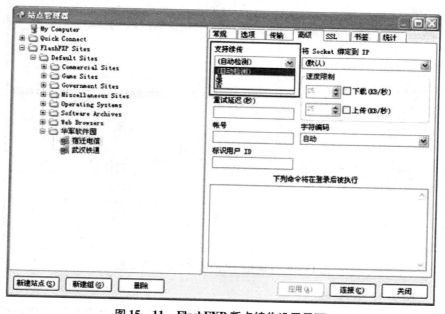

图 15 – 11　FlashFXP 断点续传设置界面

（10）速度限制。

速度限制就是在网络比较拥挤或 FTP 站点有特定要求的时候，对文件的上传和下载的速度进行具体的限制。通过菜单"站点管理器"/"高级"可以设置速度限制。

（11）过滤器（跳过列表、优先级别、选择传输）。

过滤器对符合条件的待传输文件及目录进行传输，可以通过设置扩展名、跳过列表及优先级类表等来控制文件的传输。通过菜单"选项"/"过滤器"可以对传输的文件进行选择，如图 15 – 12 所示。

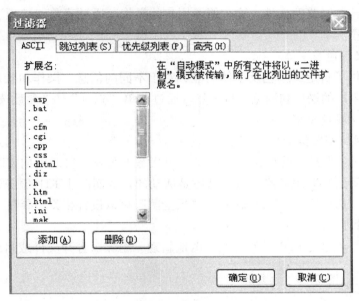

图 15 – 12 FlashFXP 过滤器界面

（12）快速拖放。

快速拖放是大多数 FTP 软件都支持的功能，它主要是为了用户操作方便。通过菜单"选项"/"参数选择"/"动作"可以设置拖放的结果，如图 15 – 13 所示。

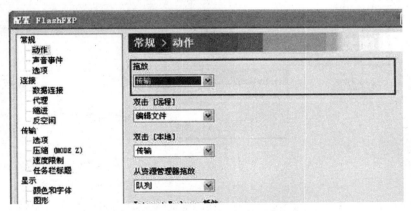

图 15 – 13 FlashFXP 拖放设置界面

（13）多语言支持。

FlashFXP3.6 标准版支持包括中文简体在内的多语言界面。通过菜单"选项"/"Language"可以设置使用的语言。

（14）备份恢复。

备份恢复是针对 FTP 软件的设置、站点列表及自定义命令等信息内容的备份及恢复。通过菜单"工具"/"备份/恢复配置"可以进行信息的备份和恢复。

（15）文件关联。

许多用户在使用 FTP 软件传输文件的时候，突然发现了一些错误想要修改，但是如果另外调用相关的软件打开，又比较麻烦，所以很多 FTP 软件就通过文件关联来让用户直接调用相关软件打开要修改的文件，这方便了用户的操作。通过菜单"选项"/"文件关联"可以设置关联程序。

（16）自定义颜色及字体。

FlashFXP 提供了自定义颜色及字体功能，对于不同的信息、操作和状态等使用不同的颜色和字体，使用户的操作和浏览一目了然。通过菜单"选项"/"参数选择"/"颜色和字体"可以自定义颜色及字体。

（17）反空闲（闲置保护）。

所谓反空闲闲置保护，就是让计算机在空闲状态下每隔一段时间向 FTP 服务器发送一段特定信息，以便让 FTP 服务器知道自己还是活动的，从而防止 FTP 服务器断开对自己的连接。通过菜单"选项"/"参数选择"/"反空闲"可以设置相关的参数。

（18）远程管理。

远程管理就是在远程 FTP 服务器上自由地新建、删除、打开文件或目录等。这是方便性的体现。

（19）分组管理。

分组管理就是将多个不同的 FTP 服务器放在同一个组（相当于目录）中，以便于用户管理。在新建站点的时候，可以先建组，然后再建立新的站点保存在组中。如图 15 – 14 所示。

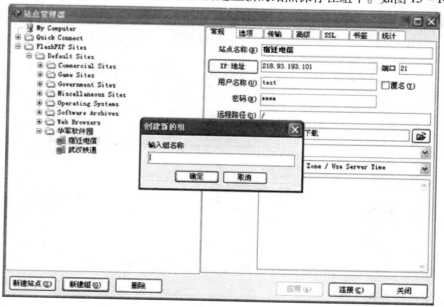

图 15 – 14　FlashFXP 分组管理界面

（20）文件存在处理。

文件存在处理就是在传输文件的过程中，对相同文件名的文件进行处理。FlashFXP 共提供了 4 种方法，分别是 Ask（询问）、Auto OverWrite（自动覆盖）、Auto Skip（自动跳过）和自动重命名。通过菜单"选项"／"文件存在规则"可以进行相关的设置。

（21）同步浏览。

同步浏览就是在操作本地目录的同时也对远程服务器上相同的目录进行同样的操作。通过菜单"目录"／"同步浏览"可以进行相关设置。